KB252076

더 가까이

# 나비야

남인근 찍고 쓰다

알에이치코리아

그때 그곳은 참 뜨거웠다.
순간순간이 삶이었고 위로였다.
더 가까이 닿고 싶었다.

사막이
그리워

나미비아로
갔다


수없이 많은 사막을 찾아다녔다.
거친 모래알들이 짓궂게 채찍질하던 고비 사막, 바람 불면
님 부르듯 울며 노래하던 곱디고운 바단지린 사막, 아름다운
여인이 속살을 드러내듯 육감적 능선을 그리며 유혹하는
사하라 사막, 아직 사막의 모습을 갖추지 못한 듯 드문드문
풀과 나무가 힘겹게 버티고 서 있는 척박한 타르 사막,
그리고 스치듯 만났던 모하비 사막과 무이네 사구들.
하지만 사막의 시작은 알지 못했다. 지구가 생겨나면서 사막의
첫 이름을 가지게 된 곳, 세계에서 가장 오랜 세월을 보낸
사막의 출발이자 시작점, 바로 나미브 사막이었다. 삶과 죽음,
어둠과 빛, 기쁨과 슬픔이 지구상에서 가장 오랜 숙성의
시간을 거쳐 극명하게 구분된 풍경이 그곳에 존재하고 있었다.

나의
사막 여행은 어쩌면
이제 시작일지도 모른다.

⋮

중학교도 들어가기 전에 나는 절로 보내졌다. 절에 살면서
철저하게 혼자 살아가야 하는 법을 배우기 시작했다. 1시간이
넘게 걸리는 등하굣길, 해가 지기도 전에 어둑해지는 산길에서
나는 지독한 외로움에 울었다. 어둠을 가르는 바람 소리가
온몸을 휘감으면 목이 쉬도록 노래 부르며 무서움을
떨쳐버리려 했다. 그렇게 힘겹게 하루하루 몸과 마음이
지치지 않으면 잠을 잘 수가 없었다.
하루하루 버티듯 살아오던 나에게 행자 스님은 필름 없는
카메라를 선물해주었다. 담고 싶어도 담을 수가 없는
카메라였지만 두렵게만 보이던 넓은 세상이 뷰파인더 안에서
보고 싶은 만큼 아담하게 보였다.

외롭지 않았다.
흐르던 눈물도
멈추었다.
지독한 원망도
사라졌다.

한 달이 지나고 행자 스님이 필름 한 통을 주었을 때 나는
설렘이라는 것을 알았다. 12장을 찍을 수 있는 필름 한 통.
나에게 주어진 12번의 기회. 일주일이 넘도록 사진 한 장을
담아내지 못했던 나는 하굣길에 산에서 내려오는 계곡의
도롱뇽 알을 담고 싶어졌다. 정수리로 쏟아지는 따스한 햇살이
기분마저 들뜨게 하던 날, 도롱뇽 알을 찾던 나는 고인 물에
비친 푸른 하늘을 보았다. 그리고 수면에 비친 내 모습도
보았다. 그렇게 나 스스로 바라보는 데 걸린 시간이 13년.
나의 사진 인생은 이렇게 시작되었다.

⋮

이후 30년간 수없이 찍고 또 찍었다. 살기 위해서가 아니라
살아남기 위해. 수많은 나라와 도시를 여행하며 수많은
풍경을 사랑하게 되었지만 사막은 언제나, 그리고 여전히
내 마음속 그리움이다.
사막은 뜨거운 열기와 황량함으로 가득한 고립무원의 풍경이다.
하지만 속도를 늦추고 사구에 올라 적당히 달구어진 곳에 자리 잡고
앉아 있노라면 어머니의 자궁에 들어선 듯 마음이 편안해진다.
걸음조차 유영하듯 미끄러진다. 덕분에 거추장스러운 것을
벗어던지고 노폐물처럼 쌓인 불평의 감정을 말끔히 지울 수 있다.
뜨거운 열기와 거친 모래바람, 적응하기 힘든 빛과 어둠의 온도는
'극단의 극복'을 맛보게 한다. 사진가의 삶도 어쩌면 사막을 걷는
것과 같을지 모른다. 화려한 스펙도, 경력도, 주위의 평가도
중요하지 않다. 스스로 답을 찾아가는 과정이며 끝없이
혼돈 속에서 길을 찾는 것이라 생각한다.

행복의 크기는
고통을 이겨낸 크기와 비례한다.
그래서 오늘도 나는 사막이 그립다.

MOMENT _ 001

사막 너머
숲이 있다고
믿고 싶었다 · 22

MOMENT _ 033

# 세상 끝 마을,
# 힘바족이 사는 세상 · 88

거대한 동물의 왕국, 에토샤 · 176

# 사막 너머
# 숲이 있다고
# 믿고 싶었다

사막 너머 숲이 있다고 믿고 싶었다.
사막 너머 숲을 보게 되는 날
나 자신과 질기게 싸워온
번뇌의 여정도 끝나리라 믿었다.

눈앞에 길은 존재하지 않으며
지나온 길 또한 모래바람에 흔적 없이 사라지듯
오로지 내가 서 있는 곳이 시작이자 끝이다.

사막 너머 숲은 존재하지 않았고
오롯이 나무 한 그루만 서 있을 뿐이었다.

지금 멈춰선 나처럼
그저 정지된 순간만이 존재한다.

그래도
사막 너머 숲이 있다고 믿고 싶은 건
아직 걸어야 할 이유가 있기 때문이다.

길을 막아선다

아프리카 남쪽에 위치한 머나먼 나라, 나미비아. 드넓은 초원
이 끝없이 펼쳐지다 황량한 사막이 길을 막아선다. 사막의 길
을 헤매듯 따라가니 이젠 검푸른 대서양의 거친 파도가 또다
시 길을 막아선다. 그렇게 나미비아 여행은 길 끝에서 또 다른
길이 이어지는 여행이었다.

'아무것도 없다'는 뜻을 가진 나미브 사막의 이름에서 유래한
나미비아. 아프리카 서남부에 있는 나미비아는 아프리가 중에
서도 가장 건조한 지역에 속한다. 그래서 나미비아는 한만도
면적의 4배에 달하는 국토 대부분이 황무지와 사막이다.

하지만 나미비아에 그런 삭막함만 존재하는 건 아니다. 아프
리카의 주인인 야생동물의 성지 에토샤 국립공원이 생명의 위
대함을 보여주고, 세계 최대 물개 서식지인 케이프 크로스,
사막과 바다가 충돌하는 샌드위치 하버 등이 나미브 사막을
이어주고 있다.

## 가질 수 없는 것

하늘을 보며 풀을 뜯을 수 없듯이
아무리 기다려도 오지 않는 것,
아무리 애를 써도 가질 수 없는 것을
인간은 한 가지씩 가지고 산다.

그래서
간절함이라는 것을 배운다.
그리움이라는 것을 배운다.

# 생존

그들에게 '미래'는
크게 중요하지 않은 듯했다.

지금 만 원을 받는 것과
한 달 후 백만 원을 받는 것 중
그들은 주저 없이
지금의 만 원을 택했다.

그러나 절망하거나
삶을 한탄하지는 않았다.
생과 사를 넘나드는 것만이
생존이 아니라
소중한 땅덩어리에서
어려운 여건을 극복하며 살아가는

그들의 삶 자체가
생존일지 모른다는
생각을 했다.

# 세월의 속도

무심히 흐르는
세월을 두고 말한다.

어떤 이는
빠르다고 하고,
어떤 이는
느리다고 한다.

결국 세월의 흐름이
달라서가 아니고
서로의 삶이
다르기 때문이다.

세월의 속도는
자신이 걷는 속도만큼 간다.

반쪽짜리

인간에게 주어진 삶은
출발과 도착이 정해진
누구에게나 공평한 탄생과 죽음의 길이며

살아가면서 내리는 모든 선택은
언제나 반쪽짜리 결과만 가져올 뿐이다.

우리는 언제나 갈림길에 서서
하나의 선택을 강요받는
반쪽짜리 삶을 살 뿐이다.

# 소나기 내린 뒤

소나기 내린 뒤에

푸른 하늘을 만나듯

# 빛나는 자리

하늘에 수많은 별을 만나는 아프리카의 밤.
문득 잠시 잊었던 별이 생각났다.

"메그리즈 Megrez라는 별이 있어.
이 별은 북두칠성을 이루는 네 번째 별이지만
다른 별에 비해 가장 흐리고 잘 보이지도 않지.
그런데도 스스로 최선을 다해 빛을 내며 자리를 지켜.
메그리즈라는 별이 없다면 북두칠성이란 이름도 존재하지 않듯이
우리 중에서도 보잘것없지만 지금 자신의 자리에서
스스로 빛을 내며 묵묵히 살아가는 이들이 있어."

# 데드블레이

붉은 사막 속에 홀연히 자리 잡은 대지.
사진가들이 가장 가보고 싶어 하는 곳에
언제나 당당히 이름을 올리는
나미브 사막의 '죽음의 웅덩이' 데드블레이 Deadvlei.

모래 언덕으로 둘러싸인 이곳은
우주를 항해하다 이름 모를 행성에
불시착한 느낌마저 들게 한다.

사막 한가운데에서
이곳이 울창한 숲이었고
생명이 꿈틀거렸던 곳이라 말하듯

하얗게 굳어버린 진흙 바닥과
조금만 물을 주면 푸른 잎을 꺼낼 것 같은
숯빛 나무들이
묘한 감성을 자극한다.

내일은
괜찮아지겠지

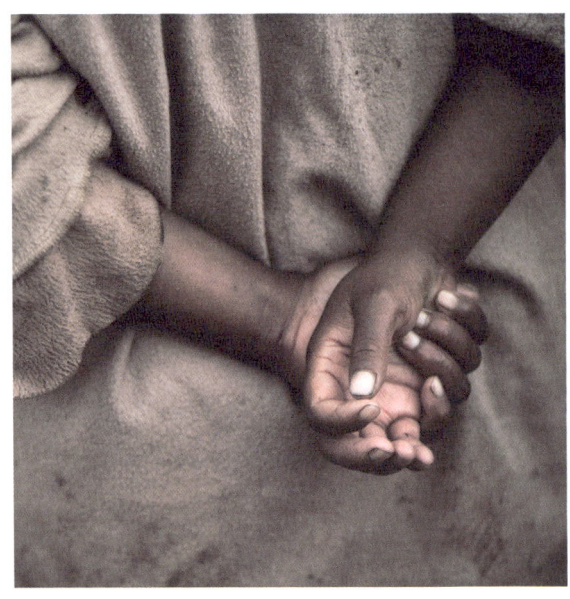

살면서 수많은
절망 속에서
무너지지 않고
버틸 수 있는 것은　　　손가락 힘이 무뎌져
여전히 희망의 끈을　　　잡을 수 없을 때까지
놓지 않고　　　　　　　놓지 않고 사는 게
있기 때문이다.　　　　인생 아니던가.


내일은 괜찮아지겠지,　　고립되지 않으려
내일은 더 나아지겠지,　　낙오되지 않으려
대책 없는 희망 속에　　　잊혀지지 않으려
아등바등 살아도
　　　　　　　　　　　그렇게 손에 힘 불끈 쥐고
　　　　　　　　　　　버티며 살아가는 게다.

# 시간을 움직인다

뜨거운 열기를 품은 바람과
억겁의 세월을 품은 모래가
영원의 시간을 움직인다.


어제와 오늘이 다르다는 것이
비록 생명을 가진 것들에만
국한되지 않은 듯하다.


매일 수없이 많은 이방인이 사구를 넘어가지만
힘겹게 넘은 사구는 절대
같은 모습으로 존재하지 않는다.
다시 그 자리에 서면 새로운 사구를 만날 뿐이다.


삶에 있어 피할 수 없는 고뇌는 없다.
다만 고뇌를 이겨내고 잠시 동안 주어진 휴식에
행복을 느끼며 살 뿐 아니겠는가.

# 결국 하나

지독한 미로 속을 헤매거나
실타래처럼 꼬인 채로 살아가는 것 같지만

고통은 또 다른 성숙을 의미하듯
비비 꼬이며 힘겹게 나아가도

어차피 시간은 사람이 부리는 것이 아니라
정해진 숫자만큼 가는 것일 뿐.

성공과 실패가 각자의 시간처럼 보이겠지만
결국 종착지는 하나인 것이 인생이다.

# 모든 삶은 치열하다

사막은 삶과 죽음의 경계.
채우고 비워지고, 피었다 시들고, 일어섰다 쓰러지는 생명들로 가득하다.
한 알의 모래도, 한 움큼의 풀도 가벼이 보이지 않는다.
사막은 생명을 잉태하고, 그 주검도 껴안는다.
생과 사의 모래 능선 위에 서 보면 세상에 지루한 삶이란 없다.
모든 삶은 치열하다.

## 아무도 모른다

대본이 없는 것이 사랑이라
사랑의 끝을
어디서 마감해야 하는지
아무도 모른다.

운명은 시도 때도 없이
사랑을 시험하고
서로가 잠시라도
어긋나거나 지루해지면
거침없이 막을 내린다.

간직하고
싶었을지도

힘바족 아이들은
신발을 신고 있지 않지만
거의 다 해어진 운동화를
신고 있는 소년을 보았다.
아마 누군가 소년에게
자신의 신발을 건네주고 갔을 것이다.

소년은 그 기억을
간직하고 싶었을지도.

## 무기

내가 찍는 대상보다
우월하다는 마음이
조금이라도 있다면
카메라는 무기가 된다.

# 지구상 사막 중에

지구상의 여러 사막 중에 가장 강렬하고 붉은 사막.
바람과 지질 환경 그리고 생물의 상호 작용으로 생성된
놀라운 자연의 조각품.

나미브의 사구는 수천 킬로미터 떨어진 내륙으로부터
강물과 바람, 해류에 모래가 실려와 형성되었다.
그런 이유로 유네스코 세계유산에 등재되었다.

스켈레톤 코스트 Skeleton Coast를 시작으로
내륙으로 끝없이 이어진 사막에서
8,000만 년 전 태고의 모습을 만난다.

듄 45

듄 45는 나미브 여행자에겐 랜드 마크와 같다. 칼 같은 능선을
밟고 꼭짓점에 서면 나미브 사막 지대를 한눈에 내려다볼 수 있다.
오르기 전 바라보는 듄의 휘어진 모래 능선도 아름답다. 오전 8시가
조금 넘었는데 듄 45 언덕에는 숱한 사람들의 발자국이 찍혀 있다.
사막의 일출을 만나러 가는 사람들의 발자취이다. 꼭짓점까지는
약 20분. 언덕의 각도는 완만한 쪽이 15~20도, 급경사가 32~35도
정도다. 이 언덕은 듄 45에서 약 50km 떨어진 대서양까지
이어진다.

정상에서 본 모래 능선은
겹겹이, 층층이 끝 간 데 없이 펼쳐진다.
모래 언덕이 마치
대서양의 일렁이는 파도 같다.

마지막 여행

어쩌면 사진은

내가 떠날 수 있는 마지막 여행일지도 모르겠다.

나는 사진으로

온전히 내 이야기를 할 수 있고

또 다른 나 자신의 한 면을 만나기도 한다.


소리쳐 행복하다고 말하고 싶을 때도

그 기쁜 마음을 누구와 함께할 수 없을 때도

사진은 내 마음 그대로 투영되어

나를 축하해주곤 한다.

사진은 그 사람의 삶의 기억이고

그가 살아온 습관이며

그의 행복이고 슬픔이기도 하다.

지나간 시간은 되돌아오지 않지만

사진 속 시간은 언제든 추억으로 되돌아온다.

안녕?

# 신기루

1798년 나폴레옹의 군대가 뜨겁고 황량한 사막을
힘겹게 걷다가 외쳤다.
"저길 봐봐! 우리가 고대하던 야자수와 오아시스가 보여!"
하지만 실제는 한없이 행군해도 접근할 수 없는 것이었다.
사막을 힘들게 행군하던 그들에게 오아시스는 간절한
소망이자 절실함이었다. 그들은 신기루를 보았던 것이다.

때때로 우리의 삶도 이와 다르지 않다. 수없이 타인을
가르치고 비평하려 하지만, 어느 순간 그 소신과 믿음이
허구나 오답으로 느껴질 때가 있다. 이미 답을 알고 있다고
자신했다면, 그것은 사막에서 신기루를 본 것과 같을지 모른다.
인생은 끊임없이 질문에 대한 답을 찾아가는 것이지,
답을 알고 찾아가는 것이 아니다.

# 날숨

나이가 들어
여행한다는 것은
날숨과 같아.

들이마신 세월을
곱씹고
내뱉는 거지.

## 사랑의 아픔

사랑의 아픔은 등 뒤에 꽂힌다.
왼손도, 오른손도 닿지 않는 곳에….

# 타인과 나

타인의 삶에는 별거 아닌 듯 말하지만
스스로의 삶에 대해서는
대책 없는 게 인간 아니겠어.

# 아프리카 이솝우화

아프리카 초원에서 뛰노는 동물들은 생김새가 제각각이다.
나미비아 코이족에게는 이런 이야기가 전해온다고 한다.

동물의 왕 사자가 어느 날 온갖 동물을 초대하여 잔치를 벌였
다. 사자는 잔치에 온 동물에게 특징적인 선물을 하나씩 주는
데 갑자기 코끼리가 말썽을 피웠다. 사자의 허락 없이 뿔을
물어 간 것이다. 화가 난 사자는 코끼리를 향해 주문을 외웠
다. "뿔이여, 입에 가서 박혀라". 곧 코끼리의 입에 뿔이 붙으
니 코끼리는 숨쉬기가 불편해졌다. 사자에게 불편함을 사정
하자 사자는 코를 뿔보다 길게 빼줬다.

잔치가 무르익어갈 무렵 순서를 기다리다 지친 뱀이 사자의
약을 훔쳐 먹었다. 화가 난 사자는 주문을 외워 약을 독으로
변하게 했고 뱀은 독을 몸 안에서 빼내려고 닥치는 대로 물게
되었다.

72
·
73

# 샘

"사막이 아름다운 것은
어딘가에 샘을 감추고 있기 때문이야."

– 〈어린 왕자〉 중에서

# 한 걸음

그리움과 사랑의 차이는
한 걸음.

한 걸음 다가가면 그게 사랑이고
그 자리에 멈추어 서서 바라보면
그리움 아니겠어.

# 염소 지기 소년

길거리에 뒹구는 돌멩이도
누군가에게 채이지 않는다면
그들만의 삶을 살 수 있으리라.

## 컬러풀

원색의 두건을 머리에 두르고
원색의 장신구로 치장하며
원색의 스카프를 두르는 젬바족.

비록
그들의 삶이 흑백일지라도
그들의 현재는 컬러풀하다.

# 별 밤

이쪽 지평선에서 저쪽 지평선 끝까지
우주 가득한 밤하늘의 별.

인간이 도저히 해낼 수 없는
자연만이 가능한 장면.

사막 여행의 또 다른 이유.

## 플라밍고

샌드위치 하버 Sandwich Harbour를 만나기 위해
스와코프문트 아래에 위치한 월비스 베이로 향한다.

바다와 가까워졌음을 알리듯
건조했던 공기가 잔뜩 습기를 머금고
촉촉함이 피부를 통해 전해진다.

사막과 바다가 조우하는 곳,
그 가운데 붉은 경계를 그리듯
플라밍고들이 춤을 추며 자리 잡고 있다.

# 게임 드라이브

나미비아 에토샤는 4WD 차량이 있다면 여행자가 직접 운전
하며 초원을 누빌 수 있다는 것이 매력적. 세렝게티의 경우
워낙 드넓은 초원이라 동물을 만나는 게 그리 쉽지 않지만.
에토샤는 아기자기한 길과 수풀, 워터홀 덕분에 동물을 가까
이에서 만날 수 있다는 게 장점이다. 직접 차를 운전하며 사
파리를 질주하는 게임 드라이브는 형용할 수 없는 자유이다.

무리 지어 다니는 누 Wildebeest 떼들과 기린, 길을 가로막는
코끼리 가족들, 매력적인 줄무늬를 뽐내며 달리는 얼룩말, 수
풀에 몰래 숨어있던 사자를 발견할 때의 설렘은 에토샤에서
의 가장 큰 선물. 마치 숨은그림찾기를 하듯 '빅 5(사자, 코끼리,
코뿔소, 표범, 물소)'를 발견하기만을 목표로 삼고 진을 치고 있
는 이들도 부지기수다. 난 운이 좋아 표범을 제외한 빅 4는 달
성했다. 동물을 만나려면 아침 일찍 찾는 게 좋다. 동물이라도
한낮의 그 뜨거운 열기 속에서 활동하기란 쉽지 않을 테니.

# 세상 끝 마을,
# 힘바족이 사는 세상

인류가 시작된 어머니의 땅이며 태고의 자연 속에 생명이 숨 쉬는 거대한 대륙, 아프리카. 문명의 발달로 인해 야생의 존재가 점차 사라져 가는 지구에서 인간과 야생이 공존하는 원시의 땅이기도 하다.

아프리카에서 가장 아름다운 부족이라 일컫는 힘바족을 만나는 길은 멀고도 험했다. 빈트후크에서 나미브 사막을 만나는 소서스블레이, 스와코프문트 등을 거쳐 힘바족이 사는 오푸우 Opuwo까지는 매일 6~8시간씩 비포장도로를 헤치며 달려야 했다.

열사의 땅, 아프리카에서 가축을 기르기 위해 목초지와 물을 찾아 옮겨 다니는 힘바족 Himba Tribe은 반유목민이라 한 곳에 정착하며 살지 않는다. 문명의 전파로 힘바족과 같은 원시 부족을 만나기란 좀처럼 쉽지 않은 게 지금의 아프리카 풍경이다.

# 믿음

믿음의 울타리는
그 안에 존재할 때
맹목적인 것이다.

누구도 거짓을 말하는 사랑을
믿어주지 않는다.

의심이 믿음을 가려서도 안 되지만
진실을 믿음 뒤에 숨겨서도
안 되는 것이 사랑이다.

진실을 말하지 않고
믿어주길 바라는 어리석음.

# 고마푸라 나무

힘바족은 온몸에 붉은 진흙과 기름을 섞어 바르고 살아가며
평생 목욕을 하지 않는다. 그러기에 수시로 향기 나는 고마푸라
나무를 태워 그 연기를 몸에 스며들게 해 악취를 없앤다.

# 전통

힘바족은 전통적으로
어린이도 결혼할 수 있다고 한다.
남편과의 잠자리는 초경 후에 하며,
일부다처제인 관계로 힘바족 마을에선
한 남자가 여러 아내를 둔 모습을
쉽게 볼 수 있다.
소나 양 같은 가축을 5마리 정도 주면
아내를 구할 수 있으므로
재산이 있는 힘바족 남자는
아내가 여러 명이라고 한다.

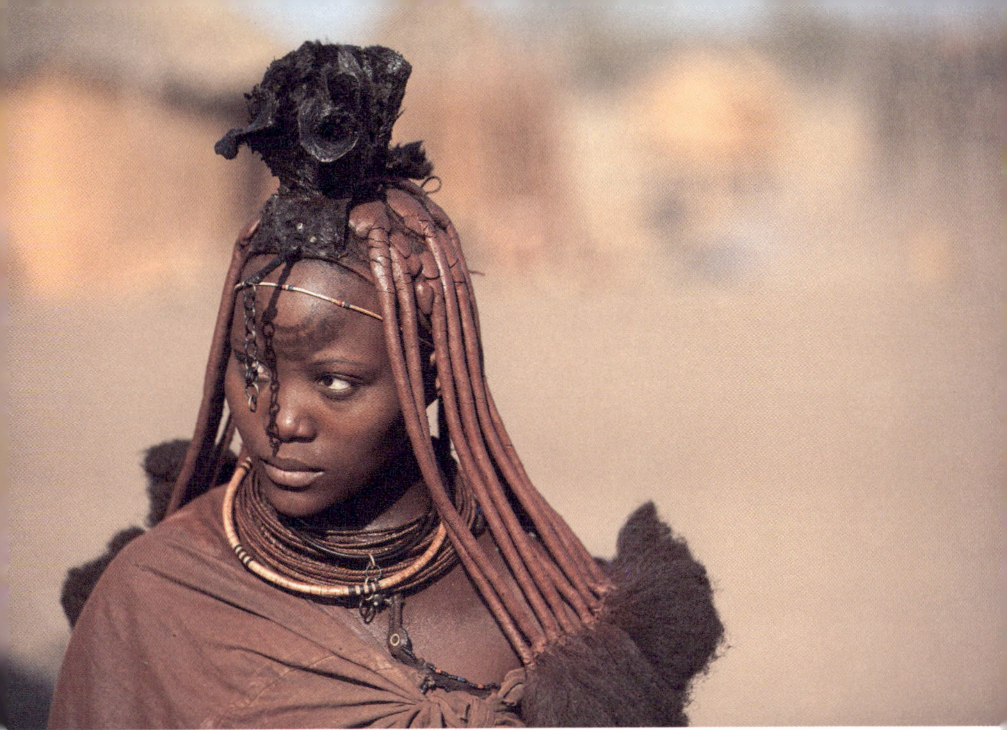

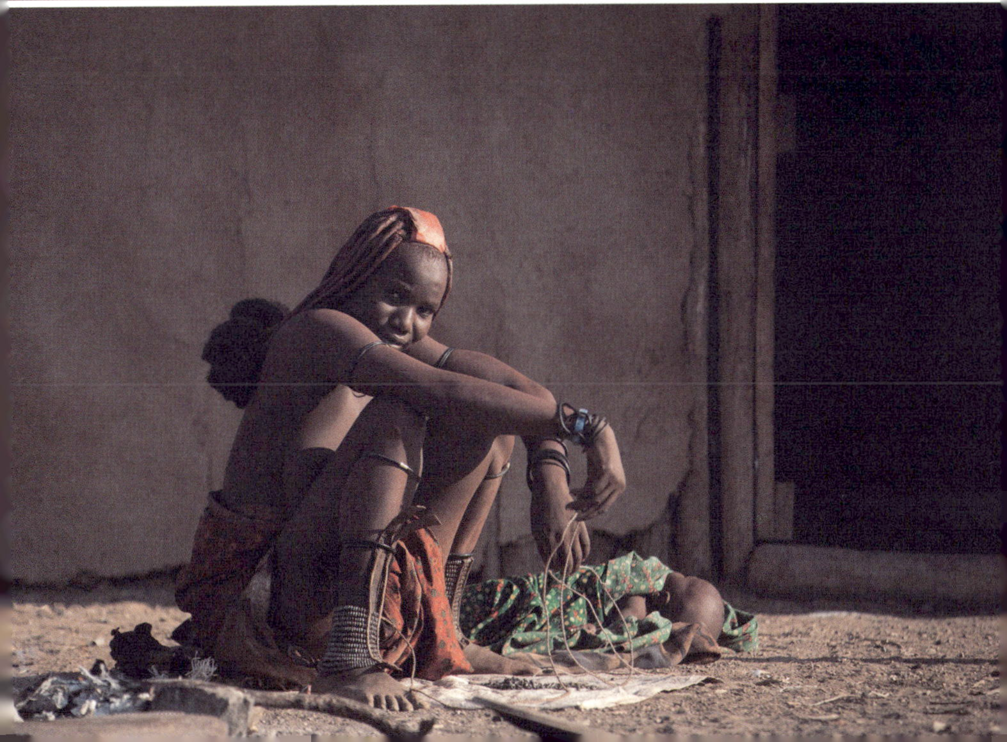

# 꿈

꿈은 말이지,
올려다보는 것이 아니라
쓰러지지 않도록 붙잡고 가는 거야.

# 남회귀선

헨리 밀러의 책 〈남회귀선〉의 서두에는 이런 글이 적혀 있다.
"일단 죽어 없어지면 설사 혼돈 속에 있었다고 해도 모든 것
이 절대적인 확실성을 가지고 나타나게 마련이다."
인간이 존재해야 할 이유를 알고 살아가려면, 타성에 지배되고 있
는 낡은 자아를 이겨낼 용기가 필요하다는 말이기도 하다.

세스리엠을 출발하여 모든 바위들이 45도 각도로 누워있는
쿠이셉 패스를 지나니 'Tropic of Capricorn'이라고 쓴 간
판이 보인다. '남회귀선'이다.

남회귀선은 남위 23도 27분에 해당한다. 태양이 가장 뜨겁게 내리쬐는 곳이라 이곳을 통과하는 지역은 뜨겁고 건조할 수밖에 없다.

나미비아 역시 국토 중심부에 남회귀선이 지나가니 당연히 뜨겁고 건조하다. 황량한 대지를 가르는 비포장도로를 지나는 도중에 '갈증 나요 Thirsty?', '배고파요 Hungry?'라는 재미있는 문구가 새겨진 표시판이 웃음을 머금게 한다. 나미비아 사막 지대에서나 볼 수 있는 광경이다.

# 때로는 잃기 위해

길은 어딘가를 찾아가기 위해 존재하지만
때로는 잃기 위해 존재하기도 한다.

사막의 길은
어딘가를 찾아가는 길이 아니라
절망의 자세를 온전히 버리기 위해 존재하는 것도 같다.

지나간 길은 바람에 쓸려 흔적도 없이 사라지고
새로운 길로 다시 태어난다.

목표를 찾기 위해 걷고 있는 이들을
끊임없이 시험하고 자각하게 한다.

사막은 길을 잃어버리도록 한다.
사막은 길을 스스로 만들도록 한다.

"진리는 길이 없는 대지에 있다"고
크리슈나무르티 Krishnamurti 는 말했다.

식어버린
빙하 대륙

멀미가 올 정도로 구불구불 뱀처럼 이어진 쿠이셉 고개를 넘으니 갑자기 다른 행성으로 순간 이동한 듯 난데없는 독특한 지형이 출현한다. 끝없이 펼쳐진 황무지 평원은 오간 데 없고 열길 낭떠러지 같은 험준한 계곡인 쿠이셉 캐년 Kuiseb Canyon 에 이어 조그만 구릉으로 뒤덮인 땅이 나온다.

변화무쌍한 이 땅은 원래 빙하 지형이었다. 뜨거운 사막에 웬 난데없는 빙하냐고 생각할지 모르지만 47억 살 지구 역사를 캐보면 아프리카도 한때 빙하 대륙이었음을 알 수 있다. 시간을 거슬러 올라가면 '곤드와나' 대륙으로, 5억5000만 년 전쯤의 일이다.

곤드와나 대륙은 남극과 남미, 아프리카와 호주 등과 인도로 쪼개졌는데 그 과정에서 대륙판이 충돌하게 됐다. 이때 아프리카 대륙이 들어 올려지고 그 상태로 떠다니다가 남극점 아래 놓이게 됐다. 빙하는 이때 형성됐다. 그 빙하 대륙은 계속된 이동으로 남극점을 벗어났고 적도 아래 현재 위치에 도달하는 도중 뜨거운 열기로 인해 모두 녹아 사라졌다. 이 기묘한 지형은 바로 그 흔적이다.

# 자유

여행은 자유다.
여행은 마음과 몸의
자유에서 비롯된다.

마음 가는 대로 몸이 가고
눈이 가는 대로 보며
코가 가는 대로 냄새를 맡고
입이 가는 대로 맛을 보며
평소 자신이 하고 싶었던 것을
하고자 하는

열정의 시간이며,
영육의 여정이요,
감각의 유랑이다.

벌거벗은

벌거벗은 몸이
부끄러운 것이 아니라
마음을 들킬 때
부끄러운 것이다.

# 하루의 시작

쌀쌀한 새벽 기운을 느끼며 힘바족에게 전달할 음식과 의료품을 챙긴다. 뜨거운 열기의 아프리카라도 겨울로 들어설 즈음이면 큰 일교차로 인해 아침저녁에는 몸이 으스스 떨릴 정도로 춥다. 온몸을 뒤흔드는 울퉁불퉁한 길을 달리고 또 달려 도시와 떨어진 숲을 지나니 전기가 없어 어딘지 분간이 안 되는 마을이 어둠 속에서 조금씩 드러난다.

하루의 시작을 알리는 해가 떠오르고 나미비아 북쪽 내륙에서 소와 염소를 기르며 유목 생활을 하고 있는 힘바족 마을에 빛이 드리운다. 부지런한 힘바족 여인은 부족의 마당 한가운데 자리를 잡고 불을 지피기 시작한다. 몇 안 되는 플라스틱 용기와 캠핑용 의자들이 이들에게도 문명의 흐름이 시작되고 있음을 알린다.

## 미의 조건

독특하게 땋아 내린 머리,
소가죽으로 만든
붉은 스커트와
진흙 돌 오크라를 바른
붉은 피부는
힘바족 여인들의
미의 조건.

문명과의 시차는 좁혀지고 있지만
행복에 가까워진다고 말할 수 있을까.

## 치료

힘바족을 촬영하기 위해서는 일종의 기부를 해야 한다. 밀가루와 먹을거리 등을 사서 건네주고 족장에게 촬영 허락을 받아야 가능하다. 변변한 가게는 물론이고 약국마저 없어 상처나 병에 걸리면 치료란 거의 불가능한 실정이란다. 한국에서 준비해 간 연고와 두통약, 밴드 등을 건네주고 치료를 못 해 염증이 생긴 아이들의 상처에 발라주니 신기하듯 바라보던 아이들. 한 아이의 엄마에게 연고를 전해주니 이제껏 약을 써보지 못한 듯 조그마한 상처에 튜브를 모두 짜내어 발라준다. 물은 수십 킬로미터나 떨어진 곳에서 날라야 할 만큼 귀해 나를 만난 후 그들이 가장 먼저 달라고 한 것은 돈이 아니라 물병이었다. 단 것이 그리운 듯 나누어준 사탕을 입에 물고 콧노래까지 부르는 아이들의 모습이 안쓰럽게 다가왔다. 문명과의 시차는 좁혀지고 있지만 그들의 삶이 행복에 가까워진다고 말할 수 있을까.

물개 보존구역

나미비아 북서부 대서양 해안에는 매년 케이프 물개 약 10만 마리가 번식하려고 모이는 해변이 있다. 그 수는 전 세계 케이프 물개의 5분의 1 정도이며, 스와코프문트와 헨티스 베이 사이 케이프 크로스 Cape Cross에 위치한다.

10월 중순이면 수컷이 먼저 도착하기 시작한다. 수컷들은 가장 좋은 영토를 차지하려고 싸움을 벌이는데, 암컷이 도착하면 수컷들의 싸움은 더욱 격렬해진다.

새끼는 2월 말에서 4월 즈음에 태어난다. 암컷은 무리를 이루어 새끼를 돌보거나 새끼에게 줄 물고기와 오징어를 사냥한다. 새끼들은 해변에서 자칼이나 브라운 하이에나의 위협에, 바다에서 상어와 범고래의 위협에 노출되어 있다.

이름을 말하듯

붉은 모래만이 가득한
미동 없는 사막 한가운데
조그마한 소용돌이 바람이 일더니
수줍은 듯 순식간에 사라진다.

사막에 잠시 스쳐 간 바람은
고집스럽게 흐트러지지 않던
사막 표면에 흔적을 남긴다.

마치 자신의 이름을 말하듯
결을 그리며 흘러간다.

# 보이지 않는 마음

사람을 안다는 것이 얼마나 어려운 일인가.
끊임없이 생각하고 기억하며 그려보지만
결국 우리는 상대를
단지 보이는, 혹은 표현되는 몇 가지로 평가한다.
참 어리석은 일이지 않은가.

사구가 변하는 것이 아니라
바람이 변하게 하는 것이다.

# 달

지는 해를 두려워하지 마라.

해가 지면
눈부서 바라보지 못하는 태양보다
언제든 바라보며 대화할 수 있는
달이 뜰 테니.

행복에 이르는 길은
원하는 것을 다 갖는 게 아니라
원하는 것을 줄이는 것이다.

# 맨발의 울림

마하트마 간디가 영국에서 유학을 마치고 인도로 돌아와 독립을 위한 강연 활동을 벌이고 다닐 때였다.

하루는 지방으로 강연하러 떠나게 되었는데, 워낙 바쁜 일정이라 기차 출발시간을 놓치고 말았다. 간디가 수행원들과 함께 허겁지겁 역에 도착하니 기차가 막 떠나려 하고 있었다. 간디와 수행원들은 플랫폼으로 달려가 가까스로 기차에 올라탈 수 있게 되었는데 너무 급히 서두르는 바람에 신발 한짝이 벗겨져 기차 밖으로 떨어지고 말았다. 수행원들이 안타까운 눈빛으로 플랫폼에 떨어진 신발 한 짝을 바라보며 발을 굴렀다. 그런데 그 모습을 가만히 보고 있던 간디가 나머지 신발 한 짝을 벗어 플랫폼으로 던지는 것이 아닌가. 수행원이 깜짝 놀라 간디에게 물었다.

"선생님, 나머지 신발 한 짝마저 버리시면 어떻게 합니까?"

그러자 간디는 자신의 맨발을 바라보며 태연히 대답했다.

"신발 한 짝만 있으면 무슨 소용이 있겠나. 두 짝이 있어야 누가 줍더라도 쓸모가 있지 않겠나?"

그는 남은 신발 한 짝을 버림으로써 어떠한 얽매임으로부터도 자유로워졌다.

# 기억과 추억

기억을 열고 추억을 꺼내는 것.

추억을 닫고 기억을 꺼내는 것.

# 날개

지금 날지 못하는 것은
잠시 날개가 젖었을 뿐.

기척

기척을 느낀 붉은 하테비스트 Red Hartebeest.

털은 붉은빛이 도는 갈색이고 얼굴·다리 위쪽·꼬리가 검은
색이다. 암수 모두 링 무늬가 있는 S자 모양의 뿔이 있다. 주
행성 동물이며 시원한 아침과 늦은 오후에 풀을 뜯어 먹고 무
더운 한낮에는 그늘에서 쉰다. 임신 기간은 약 240일이며, 암
컷은 한 배에 한 마리의 새끼를 낳는다. 사바나 대초원 및 나
무가 우거진 목초지에 서식한다. 우기에는 건조한 지역으로
이동하기도 한다. 앙골라·나미비아·보츠와나·남아프리카
에 서식한다. 사슴영양 A. Buselaphus의 아종.

# 세스리엠의 석양

미국의 유명한 문학가이자 여행가인 어니스트 헤밍웨이는

일찍이 아프리카를 여행한 후 이렇게 이야기했다.

"아프리카의 석양을 한 번 바라보면
결코 아프리카를 잊지 못할 것이다."

# 베짜기새의 둥지

나무 한 그루 찾아보기 힘든 길을 따라 달리다 보니 드문드문 보이는 나무에 마치 포대를 얹은 듯한 모습이 보인다. 차를 세워 가까이 가보니 가녀린 아카시아 나뭇가지에 초가집 같은 거대한 새집이 달려 있다. 이것은 베짜기새 Sociable Weaver 의 둥지이다. 베짜기새는 세계에서 가장 큰 둥지를 만드는 새로 유명하다. 둥지의 크기가 보통 가로 2.5~3m 정도이며 무게가 1톤이 넘는 것도 존재한다.

희한한 게 보통 새집과는 달리 둥지가 나뭇가지에 거꾸로 매달려 있다. 이는 뱀이 둥지에 들어오지 못하도록 한 것으로 입구가 아래쪽을 향한다. 요즘은 전봇대에 둥지를 만들기도 하는데 워낙 크고 무게가 많이 나가 그 무게를 이기지 못하고 전봇대가 쓰러지는 일도 생긴다고 한다. 손보다 작은 새가 이런 거대한 둥지를 만든다니 자연에 적응하는 베짜기새의 지혜가 놀랍기만 하다.

# Life is Self

뜨거운 열기 가득한
모래 바람 사이에서
길의 목적이 분명해진다.
걸어야 한다는 것.

아무런 길이 존재하지 않는 길을
막연히 걸어가는 모습에서
우리가 한 치 앞의 미래를 예상하지 못하고
오로지 현재라는 시간에 매달리다
과거라는 지나간 추억에 흔들리다
망상에 사로잡혀 사는 건 아닌지 반문해본다.

사막의 굴곡이 마치 우리네 인생과도 같아서
때론 미끄러져 의지와 상관없이 내려가기도 하고
때론 힘겹게 올라 비탈진 언덕을 오르기도 한다.

고난은 셀프다.
행복도 셀프다.

Life is Self.

# 단순하게

화려한 숲의 풍경도 화사한 꽃의 아름다움도 없다.

오로지 모래와 하늘, 그리고 바람이 만들어내는
원초적 풍경만이 존재할 뿐.

지나가 버린 어제를 기억하지 않으며
다가올 내일을 가늠하지 않고
그저 오늘을 살아가는 것.

때론 살아가면서
그런 단순함이 가장 옳은 일이기도 하다.

MOMENT _ 058

나무의 새벽

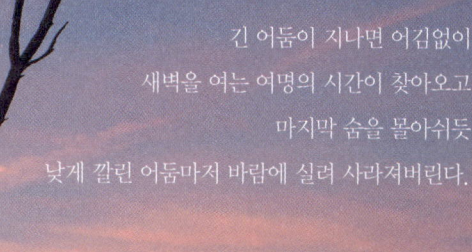

긴 어둠이 지나면 어김없이
새벽을 여는 여명의 시간이 찾아오고
마지막 숨을 몰아쉬듯
낮게 깔린 어둠마저 바람에 실려 사라져버린다.

비밀스러운 사연을 간직한 듯
야윈 모습으로 서 있는 나무 한 그루.

태어나 사는 법을 배우고
걷기 시작하면 살아남는 법을 배우다가
죽음 앞에서는 후회하는 법을 배우듯이
삶은 거듭 실수와 실패의 계단을 오르며
한 걸음 한 걸음 그 의미에 도달하게 되는 것이 아닐까.

비록 앙상하게 야윈 나무가 위태롭지만
결국 쓰러지지 않고 서 있는 것은
버려진 것이 아니라 당당히
세상의 일부이고
세상의 주인공이라 말하는 것 같다.

파일럿 피쉬

사람은 세상을 살아가면서 수많은 관계를 통해 성장한다.

만나고 헤어지는 순환을 통해 살아가며,

우리가 인연이라고 말하는

지나간 사람들과의 관계는

기억이라는 깊은 호수 속에 잠겨있다.

기억을 통해 잠시 그 시절로 돌아갈 수는 있지만

다시 붙잡을 수는 없는 것이며

그 기억을 통해 지금의 내가 존재하기도 한다.

새 수족관에 비싼 물고기를 담기 전에

물속 환경을 위해 먼저 집어넣는 물고기이자,

비싼 물고기가 살 수 있는 환경이 되면

주저 없이 버려지는 물고기, 파일럿 피쉬 Pilot Fish.

파일럿 피쉬는 나를 위해 존재했던 인연들이기도 하다.

때로는 누군가의 삶을 위해 존재했던 나이기도 하다.

한 번 만난 사람은 다시 헤어질 수 없다.

사람에게 존재하는 기억은 영원하기에

좋든 싫든 그 기억과 함께 현재를 살아간다.

별 생각 없이 살아가는 듯 보이지만 심연에 가라앉은 기억은

언제든 어떤 계기를 통해 떠오를 수 있다.

내 머릿속 기억 저편에 가라앉은

파일럿 피쉬와 같았던 인연의 소중함이

지금의 나를 만든 가치이다.

어항에 비싼 물고기를 넣어도 그 물고기를 위해 살았던

파일럿 피쉬의 기억은 지워지지 않는 법이다.

우리는 그런 인연들을 통해 더 성장한다.

레드

괴테는 색의 왕을 레드 Red라 했다.
프리드리히 헤겔은 열정 없이 이루어진 것은
이 세상에 아무것도 없다고 했다.

레드를 두른다는 것은
세상을 향한 당당함을 말한다.

# 가장 완벽한 언어

누구도 순간의 모든 장면을 설명할 수 없다.

삶과 사유의 범위를 결정지을 수 없듯이
사진이란 어김없이 흘러가는
삶의 방향에 대한 의문이며
끊임없이 벗어나려는 움직임이다.
그리고 때론 길을 잃고 헤매는
혼란의 시간을 필요로 한다.

언어란 말하고 전달하고 듣고자 하는 것.
문화와 국경을 초월할 수 있는
사진의 시각적 메시지는
예술이라기보다 가장 완벽한 언어에 가깝다.

여행도 잠시 휴식

## 사진의 배려

사람에 대한, 혹은 자연에 대한 배려가 없는 사진이
어떤 의미가 있는지 스스로 더욱 잘 알 것이다.

카메라로 나의 눈을 가리고 다가가기보다
먼저 상대를 이해하고 자신을 낮추며
그가 가장 편하고 자연스럽게 카메라에 담기도록
애쓰는 것이 사진의 배려이다.

함께하는 이들에게 나의 자리를 내어주고
그가 좀 더 아름다운 세상을 바라보게 해주는
여유 또한 배려이다.

카메라는 총과 다름없다.
의미 없이 난사한 셔터는
피사체를 죽이기도 하고
상처받게 하기도 한다.

# 외로움

외로움은 앞에 나타나지 않는다.
뒤에서 당신이 혼자 남기를
기다릴 뿐이다.

소년


나는 너를 담고,
너는 나를 안는다.

# 난파선

삶과 죽음 사이를
아슬아슬하게 걷고 있는 우리네 삶처럼

죽음의 사막과 삶의 바다가 만나는
스켈레톤 코스트에는
선택받지 못한 거대한 난파선이
거센 파도를 온몸으로 받아내며
힘겹게 서 있다.

견뎌내야 하는 것.
받아들여야 하는 것.

# 소금 가게

나비비아를 여행하다가
염전 가까운 곳에서
덩그러니 놓인 탁자를 만났다.
인적도 드물고
길가에 파는 사람도 없지만,
자세히 보니 소금 덩어리와
돈을 넣는 깡통이다.
필요한 만큼 소금을 가져가고,
가져간 만큼
돈을 지불하면 되는 소금 가게.

처음부터

처음부터 '길'이던 곳은 없다.

두려움으로 시작된
누군가의 첫 발자국에
다른 이의 용기가 보태지면서
비로소 누구나 안심할 수 있는 길이 된다.

ERF 0238

액자

모양과 크기는
본인의 몫일 뿐,
인간은 자신이 만든
액자 속에서 산다.

# 피하고
# 있습니까?

당신은 지금
사랑을

쉬고 있습니까?
피하고 있습니까?

# 기다림

사진은 기다림.
그러므로 절대적으로
장비를 가진 자보다
시간을 가진 자가 유리하다.

# 야생의 눈빛

도시 속을 살아가는 우리는 가면 속에 본심을 숨기고
야생의 눈빛을 잃은 채 서로를 투영하며 살아가지만
야생의 사유가 없는 삶은 허울뿐인 가짜 삶에 불과하다.

오늘날 우리는 더 쉽고 더 편하게
더 큰 세상을 바라보는 듯하지만
그것은 눈을 통한 비현실의 모습일 뿐
이것도 저것도 아닌 모호함 속에 현실을 사는 게 아닐까.

숨김없는 마음으로 세상을 바라보는 아이의 눈처럼
야생의 사유를 통해 진짜 세상을 그려낼 수 있을지 모른다.

## 날기 위해

실패한 과거에서
답을 찾고
비상구 없는 현재에서
길을 찾는 건
날기 위해 발버둥 치는
시간과 같다.

## 나답게

가끔은
보이기 위한
웃음이 아니라
나답게 우는 모습을
보여주는 것도
나쁘지 않다.

자신들을 학대하고 몰살시킨
독일의 의상을 받아들여 입고 다니는
헤레로족의 여인들.
잠시 묘한 감정이 스친다.

# 헤레로족

나미비아의 유목민인 헤레로족 여성은 본래 가죽 치마와 머리쓰개를 착용하고, 화려한 구슬로 몸을 치장했다. 그러나 1900년경 독일 식민 지배 시절 엘니뇨 El Niño로 인한 극심한 가뭄이 찾아오자 독일인들은 헤레로족을 추방했고, 자신들의 토지를 뺏기고 학대받던 그들은 반란을 일으키지만 독일군에 의해 몰살당하고 만다. 그나마 살아남은 헤레로족은 'GH(Gerfangener Herero, 헤레로족 포로)'를 몸에 새긴 채 각종 생체 실험에 투입되기도 했다.

독립을 이룬 지금의 헤레로족 여인들은 모양이 독특하고 색깔이 다채로운 빅토리아풍의 옷을 입는데, 19세기 헤레로족이 크리스트교로 개종하면서 독일 선교사들의 옷차림을 따르면서 전통 의상을 버리고 입게 된 것이다. 폭이 넓고 뻣뻣한 치마에 몸에 꼭 맞는 조끼를 입고 숄을 두른다. 머리에 쓰는 독특한 모자는 '둑'이라 부르는데 대부분 직접 만든 것이다.

# 채프먼 얼룩말

앙골라 · 나미비아 · 남아프리카공화국 북부 등지에 분포하는
채프먼 얼룩말 Chapman's Zebra은 가죽을 위한 무분별한 남획
으로 현재 멸종 위기에 처해 있다.

# 거대한 동물의 왕국, 에토샤

세계 3대 사파리는 탄자니아와 케냐 일부에 걸쳐 있는 세렝게티 Serengeti, 보츠와나의 초베 Chobe, 그리고 에토샤 Etosha이다. 에토샤가 속한 나미비아는 푸른 초원으로 뒤덮인 여타의 사파리와는 다른 풍경이다. 바람에 흔들리는 새하얀 갈대 사이, 혹은 풀 한 포기 없는 염전에서 살아가는 야생동물의 모습은 나미비아만의 특별함이다.

에토샤는 나미비아 북서부의 오샤나 Oshana, 오시코토 Oshikoto, 오툐존듀파 Otjozondjupa 주 州의 경계에 위치한다. 1907년에는 세계에서 가장 큰 동물 보호 구역이었으나 정치적 상황으로 인해 면적이 줄었다.

에토샤의 특징 중 하나는 바다로 직접 통하지 않는 내부 유역 염전지대인 에토샤 판 Etosha Pan이 있다는 것. 평소에는 바짝 말라 있다가 여름 우기에 물이 고이면 사다새 Pelican나 홍학류 등이 찾아온다. 약 114종의 포유류와 340여 종의 조류, 110여 종의 파충류들이 거대한 왕국을 만들어 살아간다. 많은 기린과 얼룩말, 코끼리들을 만날 수 있지만 그중에서도 사파리에서 보기 힘들다는 '빅 5(사자, 코끼리, 코뿔소, 표범, 물소)'를 찾아다니는 재미가 쏠쏠하다. 세계 3대 사파리라고 불리는 국립공원 중에서도 야생동물을 가장 쉽게 만날 수 있는 곳이 바로 나미비아 에토샤이다.

# 천천히 즐겨라

천천히 즐겨라.
너무 빨리 달리면
경치만 놓치는 것이 아니다.
어디로 가는지
왜 가는지도 놓치게 된다.

# 어제의 흔적을 지우고

어제의 흔적을 지우고
언제나 새로운 모습으로 깨어나는 사막은
매일 자신을 비우기에 여념이 없다.

사막은 이방인의 발자취를 허용하지 않는다.
그들이 지나간 흔적은
다음날 언제 그랬냐는 듯
바람에 의해 사라지고
매일 현혹하듯 새로운 지형을 만들어 낸다.

그리고 이방인들은 이정표 없는
사막의 길을 매일 걸어가며 흔적을 남기려 한다.

# 해가 진 후

사진 속 아름다움이란
보이는 것 너머에 감추어진 감성.

지는 태양의 모습을 보는 것이 아니라
진 후의 하늘을 기다릴 줄 아는 마음처럼.

바람

사막에서 나는
날 선 사구의 능선을 넘어가는
바람에 지나지 않았다.

# 카투투라

빈트후크 근교의 카투투라 Katutura 지역.
이름의 유래가 '사람이 살기 싫은 곳'라는 뜻일 정도로
극한 빈곤층 마을에 우범지대이다.

마을과 가까워지니 뜨거운 태양 아래
철제 슬레이트로 만든 집들이 눈을 부시게 한다.
찜통 같은 집에는 전기도 없고 창문도 없다.
창문 하나 만드는 데 우리 돈 4만 원 정도가 든단다.
길가에 흙 범벅이 된 버려진 소뼈들은 그들의 식사가 되기도 한다.
정이 그리운 것인지 돈을 바라기보다 안아달라는 아이들의 모습이
가슴을 뭉클하게 한다.
카메라를 내려놓게 한다.

문득 아이들이 바라보는 세상이 궁금해졌다.
카메라를 건네주고 마음껏 담게 해주니 연신 셔터를 눌러댄다.
처음 카메라로 세상을 바라보았던 나의 어린 시절이 떠올랐다.
때론 렌즈로 보는 것보다 눈으로 보는 것이 더 아름다울 때가 있다.

# 에토샤 팬

지평선이 360도로 펼쳐지는 에토샤 팬.
빙하로 덮였던 아프리카 대륙이 적도로 이동하며 녹아내려
호수가 되었던 곳이다.
그 물이 증발하는 바람에 이렇게 변했다.

이곳의 크기는 무려 대한민국의 1/40 정도.
최초 생명체라고 불리는 오타비아 안티구아 Otavia Antiqua가 발견된 곳인데,
미세한 스펀지 같은 이 생물체가 무려 7억6000만 년 전의 것이란다.
지구상에서 가장 오래된 후생동물 Metazoan Animal이 살았던 흔적이다.

교감

카메라는 낯선 여행지에서
그들과 친해질 수 있는
교감의 도구가 된다.

마음의 문

수없이 닫아도
잠기지 않는
마음의 문이 있다.

## 엿보되

엿보되 그가 되지 말고
따라 하되 같은 것이 되지 말고

배우되 그대로 적용하지 말아야 하며
함께하되 당신의 시간을 만들어라.

# 고난을 이기는 법

사구를 내려오는 방법은
두려움을 버리고 온전히 몸의 힘을 빼고
모래에 몸을 맡긴 채 흐르듯 내려오는 것이다.

살면서 고난을 이겨내는 방법도
이와 같지 않겠는가.

한 번 가면

한 번 가면 새로움에 눈 뜰 것이고
두 번 가면 무엇을 봐야 할지 보이게 되고
세 번 가면 무엇을 즐길지 알게 된다.

간절함

누군가는 간절함을 통해
인생의 기적을 여는
열쇠를 만들 것이다.

## 관계

타인과의 만남을 전제하지 않는 삶은
맹목적이고,
자신과의 만남을 전제하지 않는 삶은
영혼이 없는 것이라 했다.

# 워터홀

에토샤 국립공원 안에서는 안전 문제로 차에서 절대 내리지
않는 것이 규칙이다. 길에 야생동물들이 지나가거나 머무를
시에는 차를 멈추고 대기하는 것이 좋다.
에토샤에서 야생동물을 쉽게 만나는 방법은 워터홀 Waterhole
을 중심으로 이동하며 기다리는 것. 무작정 헤매기보다 지도
에 표시된 곳곳의 거대한 워터홀을 거쳐 한 방향으로 움직이
는 것이 사파리 여행의 팁이다.

목마른 동물들에게 1년 내내 솟는 샘은 피할 수 없는 유혹이
자 삶의 영역이 된다. 차를 적당한 거리에 두고 적막감이 흐
르는 워터홀을 바라보며 기다리다 보니 키 작은 수풀 위로 기
린의 얼굴이 보이기 시작한다. 느릿느릿 걸음을 옮기던 경계
심 많은 기린이 주위를 한참 살피다 긴 다리를 양쪽으로 크게
벌려 몸을 숙이고 목을 축이는 모습이 인상적이다. 물을 먹는
자세가 불안하다 보니 그 순간 맹수들에게 공격을 받을 수 있
어 매우 조심하는 듯했다. 이어 스프링복과 쿠두, 누, 임팔라
등 다양한 동물이 목을 축이러 워터홀로 몰려든다. 먼발치에
서는 멸종위기종인 화이트 코뿔소가 따사로운 햇살 속에 망
중한을 즐기듯 서 있다.

MOMENT _ 092

자신의 모습인지 모른 채

내가 아닌 상대를 탓하고
언제나 위로받을 사람은
자신이라고 믿는 이기심.

바라보는 모습이
자신의 모습인지 모른 채.

# 짐의 무게

나에게 올려진 짐에
다른 짐을 올리기 위해서는
또 다른 짐을 내려놓아야 하듯
결국 삶의 짐은 언제나
버리고 채우고의 반복이다.

밑도 끝도 알 수 없는
짐의 무게는
삶의 마감 앞에서야
그 무게를 가늠하게 되지 않을까.

만남이든 이별이든
행복이든 불행이든
결국 또 다른 이름의 무게일 뿐.

# 발아래 세상

눈을 뜬다고 세상이 모두 보이는 것이 아니고
귀를 연다고 세상이 다 들리는 것이 아니더라.

가슴을 울리고 가슴으로 보이는 것,
그것을 보고 듣고자 여기 서 있다.

발끝에 뜨거운 모래 감촉을 느끼며
발아래 펼쳐진 세상을 품에 안는다.

# 쉼터

나미비아에서
차를 타고 여행하다 보면
길가에 나무 한 그루가
그려진 표지판을 만나게 된다.
조금만 더 가면
쉼터가 있다는 표시다.
얼마 안 가니 그늘을 만들어주는
나무 한 그루와 벤치가 길옆에 놓인
소박한 쉼터를 만나게 된다.

여행 속에서 자유를 찾고
해방감을 만끽할 수 있다는 것
또한 잠시의 목마름을
채우는 것.
여행은 일상의 연장선상에서
나를 만나는
통로이면서
현실의 회피가 아닌,
회복을 전제로 해야 한다.

# 돌이 되어 버린 숲

페트리파이드 포레스트 Peterified Forest를 직역하자면 '깜짝 놀라 돌이 되어 버린 숲'. 트위펠폰테인 Twyfelfontein 북쪽에 있는 이 숲에는 약 2억5000만 년 전 홍수에 떠내려 와 돌처럼 굳어 버린 나무를 볼 수 있다. 산소와 철저히 차단되고 규소의 영향으로 돌이 되어버린 이 나무들 중 긴 것은 약 30m에 달한다. 1950년 국가 기념물로 지정되어 보호받고 있으며 어떠한 형태의 반출도 금지되어 있다.

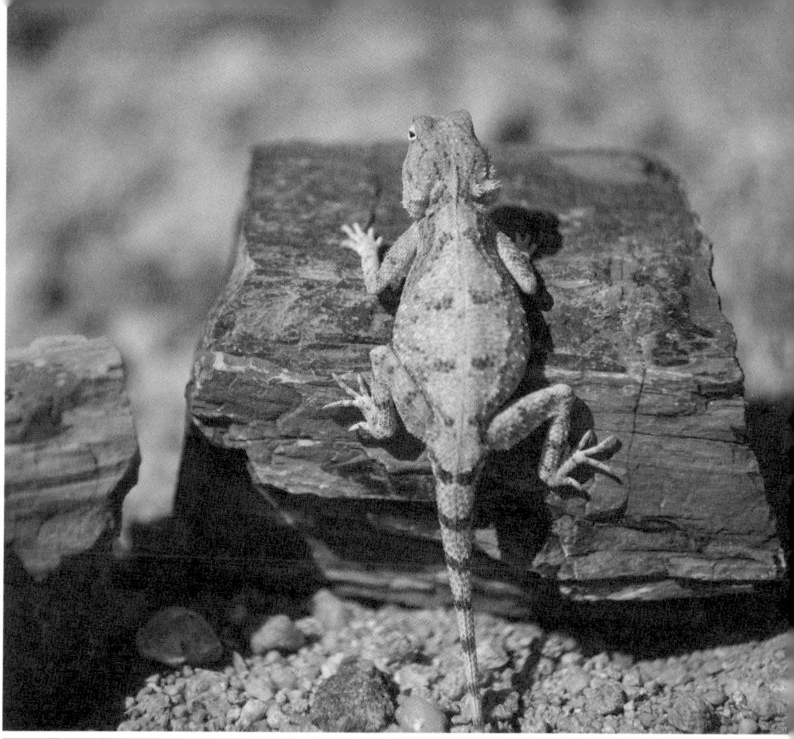

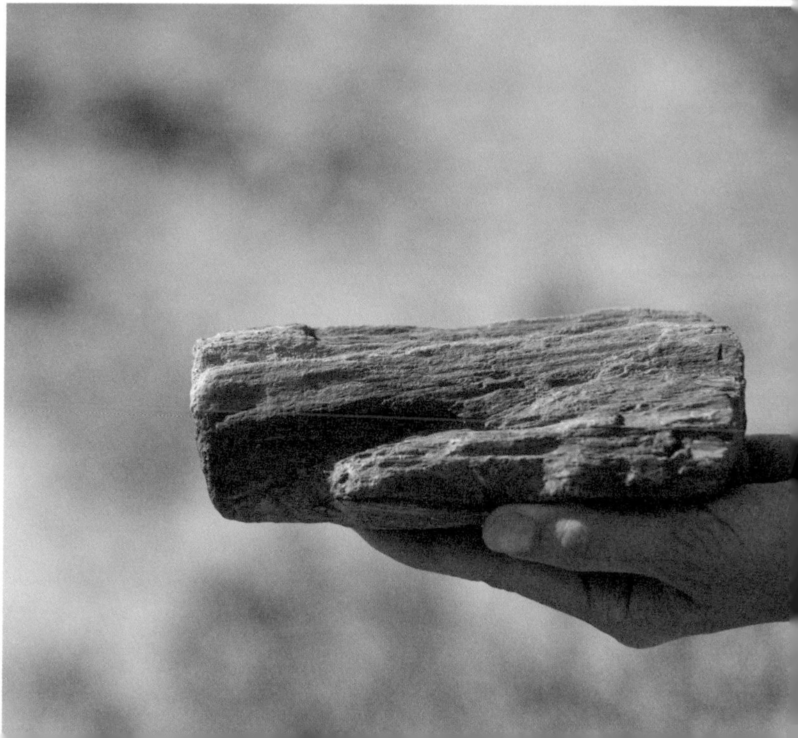

## 마음의 여백

마음의 여백을 간직한 사람은 결코 불행할 수 없다.

삶이란 성공을 위한 질주가 아니라
행복을 위한 시간이기 때문이다.

행복한 사람은 채우기보다 덜어내는 행동을 한다.

# 후회

그 때 참았더라면
그 때 잘했더라면
그 때 알았더라면
그 때 조심했더라면
그 때 고백했더라면
그 때 시작했더라면
사람들은 그렇게 말하고 후회한다.

지금이 바로 그 때인데도
자꾸 그 때만을 찾는다.

# 소서스블레이와 빅 대디

원주민어로 '블레이'는 습지를, '소서스'는 출구가 없는, 혹은
죽음이라는 뜻을 담고 있다. 따라서 소서스블레이는 '죽음의
습지'인 셈. 그런 이름을 가졌어도 오래전 삭막한 사막에서 생
명의 기운을 느낄 수 있었던 유일한 곳이었다. 물이 머문 흔적
이 사막에서 유일하게 존재했던 녹음의 젖줄을 가늠케 한다.

이 소서스블레이를 포위하는 웅장한 사구들 중 가장 높은 사구는 '빅 대디 Big Daddy'이다. 높이가 350~400m에 이르는데, 올라가다가 머리가 이상해질 지경이라는 데에서 '미친 Crazy 언덕'이라는 별명까지 얻었다. 사막의 적막함을 깨고 빅 대디 정상에 오르면 뜨거운 열기에 답답했던 숨통이 터지고 아름다운 사막의 전망이 눈앞에 펼쳐진다.

세스리엠 캐년

약 백만 년 전 강물의 침식 작용으로 만들어
진 세계에서 가장 오래된 협곡 중 하나. 평
소 메말라 있지만 우기 때 빗물이 흘러들어
흐르기도 한다는 세스리엠 캐년은 생존을
위한 몇 안 되는 통로이자 척박한 사막에서
찾기 힘든 '물길'인 셈이다.

## 뜨거운 생명의 땅

하루의 끝을 알리는
태양의 마지막 몸부림이
눈을 멀게 한다.

덥고 건조하고
가혹한 환경에서
끈질긴 생명을
만나는 여정도
끝을 향한다.

사막과 해변, 야생동물과
원시 부족의 삶에서 나는
죽음과 퇴보만이 아니라
진화와 회복,
희망의 풍경을 보았다.

모든 것이 멈춰선 듯
보이지만
간절하고 끈질기게
삶을 이어가는

이곳은 바로
태양처럼 붉고 뜨거운 나미비아.

# 나미비아
# 가이드북

Namibia Guidebook

# 나미비아
# 가이드북

Namibia Guidebook

## CONTENTS

# 나미비아
# 한눈에 보기

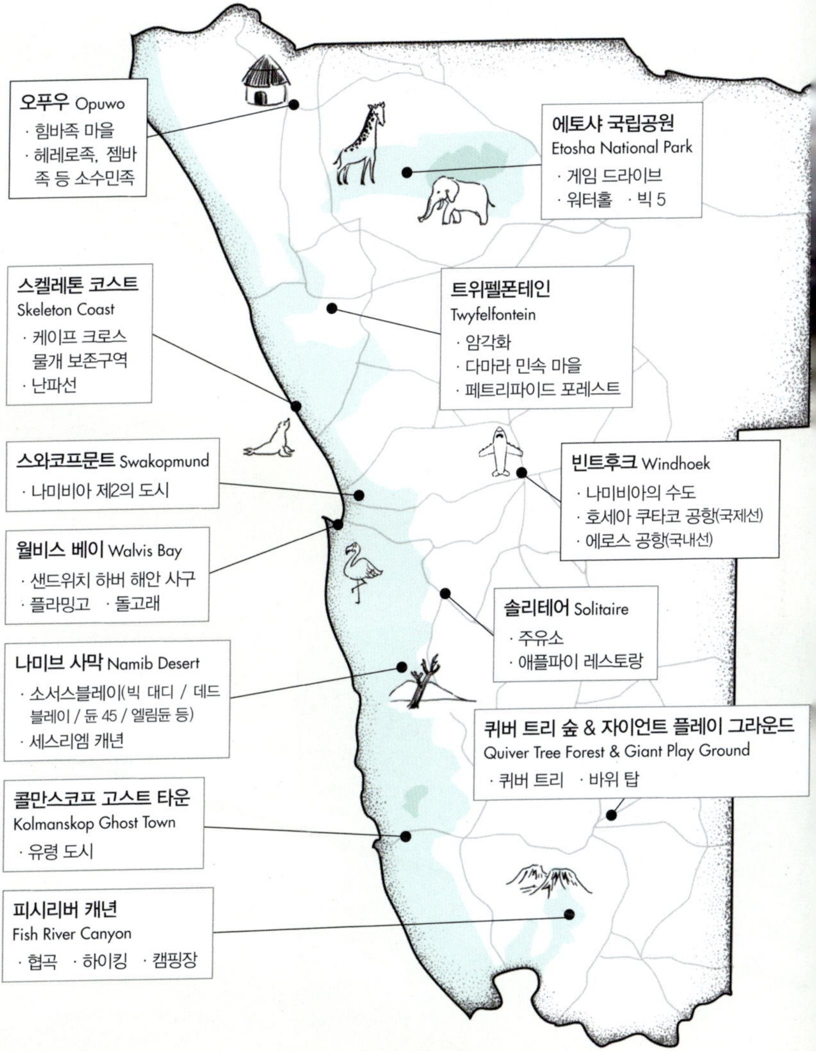

**오푸우** Opuwo
· 힘바족 마을
· 헤레로족, 젬바
족 등 소수민족

**에토샤 국립공원**
Etosha National Park
· 게임 드라이브
· 워터홀 · 빅 5

**스켈레톤 코스트**
Skeleton Coast
· 케이프 크로스
물개 보존구역
· 난파선

**트위펠폰테인**
Twyfelfontein
· 암각화
· 다마라 민속 마을
· 페트리파이드 포레스트

**스와코프문트** Swakopmund
· 나미비아 제2의 도시

**빈트후크** Windhoek
· 나미비아의 수도
· 호세아 쿠타코 공항(국제선)
· 에로스 공항(국내선)

**월비스 베이** Walvis Bay
· 샌드위치 하버 해안 사구
· 플라밍고 · 돌고래

**솔리테어** Solitaire
· 주유소
· 애플파이 레스토랑

**나미브 사막** Namib Desert
· 소서스블레이(빅 대디 / 데드
블레이 / 듄 45 / 엘림듄 등)
· 세스리엠 캐년

**퀴버 트리 숲 & 자이언트 플레이 그라운드**
Quiver Tree Forest & Giant Play Ground
· 퀴버 트리 · 바위 탑

**콜만스코프 고스트 타운**
Kolmanskop Ghost Town
· 유령 도시

**피시리버 캐년**
Fish River Canyon
· 협곡 · 하이킹 · 캠핑장

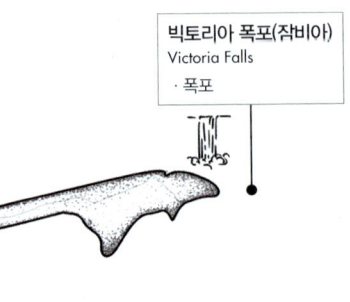

빅토리아 폭포(잠비아)
Victoria Falls
· 폭포

나미비아는 한반도 면적의 4배에 달하는 국토 대부분이 황무지와 사막이다. 사막 볼거리는 CNN이 선정한 '세계 놀라운 풍경 31선' 중 하나인 소서스블레이 Sossusvlei를 중심으로 세계에서 가장 아름다운 일출을 볼 수 있는 듄 45 Dune 45, 사진가들이 가장 촬영하고 싶어하는 데드블레이 Deadvlei 등 기대할 만한 곳이 많다. 더불어 야생동물의 성지 에토샤 국립공원 Etosha National Park, 세계 최대의 물개 서식지 케이프 크로스 Cape Cross, 플라밍고가 붉은 군락을 이룬 월비스 베이 Walvis Bay의 샌드위치 하버 등 야생과 자연의 훌륭한 선물도 기다리고 있다. 아프리카에서 가장 아름다운 부족 중 하나로 알려진 힘바족 Himba Tribe 등 원시 부족과의 만남도 빼놓을 수 없다.

# 나미비아 여행
# 버킷리스트

**1** 피시리버 캐년 풍광 넋 놓고 감상하기

**2** 에토샤 국립공원에서 게임 드라이브하기

**3** 나미브 사막의 모래
맨발로 느껴보기

**4** 엘림듄에서 일몰,
듄 45에서 일출 보기

5 힘바족 여인들과
붉은 진흙 발라 보기

6 '꽃청춘'처럼 잠비아로 넘어가
빅토리아 폭포 보기

**7** 야생 동물로 요리한
게임 스테이크 맛보기

**8** 노상 취침하며 밤하늘의
쏟아질 것 같은 별 보기

# 나미비아 추천 여행 코스

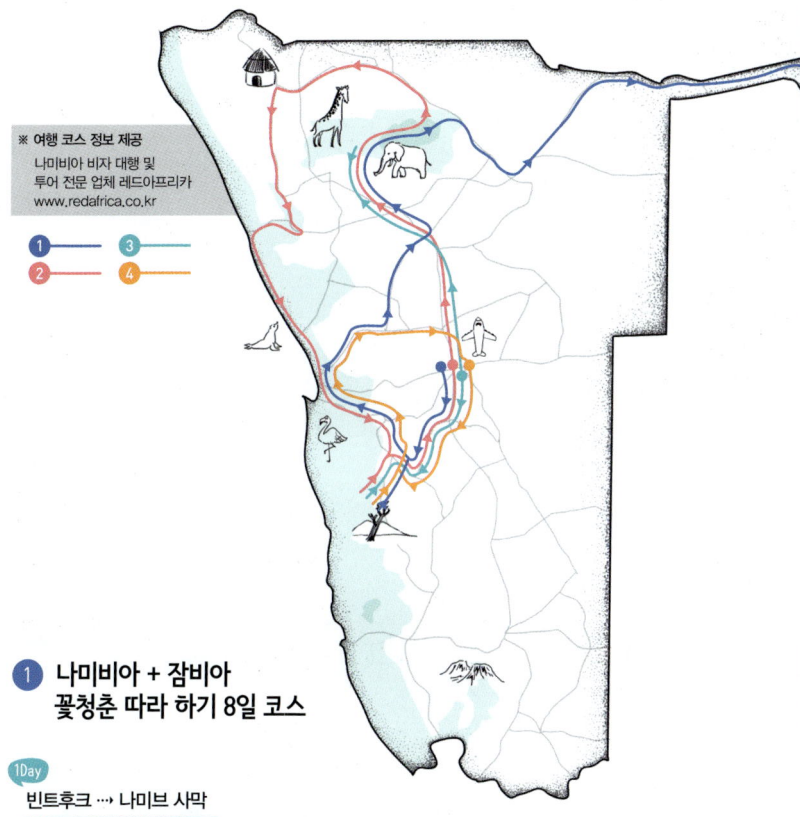

※ 여행 코스 정보 제공
나미비아 비자 대행 및
투어 전문 업체 레드아프리카
www.redafrica.co.kr

1   3
2   4

## ① 나미비아 + 잠비아 꽃청춘 따라 하기 8일 코스

**1Day**

### 빈트후크 ⋯→ 나미브 사막

≫≫ 약 350km, 총 5~6시간 소요

- 나미브 사막에 도착해 소서스블레이를 본 후 엘림듄에서 일몰 감상, 저녁 식사 후에는 사막의 별을 만난다.

**2Day**

### 나미브 사막 명소 정복

- 새벽에 기상해 듄 45에서 사막 일출을 만난다. 이후 소서스블레이, 데드블 레이를 보고 빅 마마, 빅 대디 등에 오른다. 사막에서 살아가는 오릭스, 타 조, 자칼, 스프링복 등을 만나는 즐거움도 쏠쏠하다. 오후에는 작은 협곡인 세스리엠 캐년 방문.

**3Day**

**나미브 사막 소서스블레이 ···→ 월비스 베이 ···→ 스와코프문트**

>>> 약 350km, 총 5시간 소요

- 아침 식사 후 스와코프문트로 출발. 플라밍고가 서식하는 월비스 베이를 거쳐 스와코프문트에 도착해 휴식을 취한다.

**4Day**

**스와코프문트(케이프 크로스)**

- 아침 식사 후 액티비티와 시내 구경 중 한 가지를 택해 즐기면 된다. 점심 식사 후에는 물개 서식지인 케이프 크로스에 방문하면 된다. 액티비티는 반일, 종일 투어 중 선택할 수 있는데, 종일 투어를 선택하면 케이프 크로스에는 방문할 수 없다. 액티비티 종류는 샌드위치 하버 투어, 돌핀크루즈, 쿼드바이크, 샌드보딩, 스카이 다이빙 등.

**5Day**

**스와코프문트 ···→ 에토샤 국립공원**

>>> 약 570km, 총 5시간 30분 소요

- 에토샤 국립공원에 도착 후 휴식

**6Day**

**에토샤 국립공원 게임 드라이브**

- 워터홀을 따라 이동하며 빅 5(사자, 코끼리, 코뿔소, 표범, 물소) 등 야생 동물을 만나는 게임 드라이브를 즐긴다.

**7Day**

**에토샤 ···→ 잠비아 빅토리아 폭포**

>>> 약 1260km, 총 13시간 30분 소요

- 잠비아로 국경을 넘어 빅토리아 폭포를 보기 위해 이동한다.

**8Day**

**잠비아 빅토리아 폭포 ···→ 잠비아 리빙스톤 국제공항(또는 빈트후크)**

>>> 약 15km, 총 20분 소요

- 빅토리아 폭포 감상 후 잠비아 리빙스톤 국제공항(정식 명칭은 하뤼 뫙가 엔쿰불라 국제공항)에서 출국한다. 빅토리아 폭포와 리빙스톤 국제공항은 불과 20분 거리. 빈트후크까지는 자동차로 약 1,480km, 총 15시간 정도 소요된다.

# 나미비아 추천 여행 코스

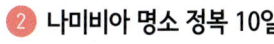 **나미비아 명소 정복 10일 코스**

**빈트후크 ⋯▸ 에토샤 국립공원**
>>> 약 450km, 총 6시간 소요

- 에토샤 국립공원에 도착 후 휴식.

**에토샤 국립공원 게임 드라이브**

- 워터홀을 따라 이동하며 빅 5(사자, 코끼리, 코뿔소, 표범, 물소) 등 야생 동물을 만나는 게임 드라이브를 즐긴다.

**에토샤 국립공원 ⋯▸ 오푸우**
>>> 약 350km, 총 6시간 소요

- 오푸우 도착 후 휴식.

**오푸우 힘바족 마을**

- 나미비아의 붉은 원시 부족, 힘바족 마을을 방문하여 부족 체험.

**오푸우 ⋯▸ 트위펠폰테인**
>>> 약 350km, 총 6시간 소요

- 유네스코 세계문화유산인 부시맨 암각화 관람 및 다마라 부족의 민속 마을 전통 체험.

**트위펠폰테인 ⋯▸ 케이프 크로스 ⋯▸ 스와코프문트**
>>> 약 330km, 총 5시간 소요

- 세계 최대 물개 서식지인 케이프 크로스를 거쳐 스와코프문트에 도착 후 휴식.

### 스와코프문트 액티비티

- 액티비티 종류는 샌드위치 하버 투어, 돌핀크루즈, 쿼드바이크, 샌드보딩, 스카이 다이빙 등으로 반나절 및 종일 체험 중 선택할 수 있다. 액티비티를 원하지 않으면 스와코프문트 시내를 구경해도 좋다.

### 스와코프문트 ⋯➤ 솔리테어 ⋯➤ 나미브 사막 엘림듄

>>> 약 350km, 총 5시간 소요

- 나미브 사막까지 이동하는 중에 솔리테어에 들러 유명한 애플파이로 점심을 해결한다. 나미브 사막에 도착 후 엘림듄에 오른다.

### 나미브 사막 명소 정복

- 새벽에 기상해 듄 45에서 사막 일출을 만난다. 이후 소서스블레이, 데드 블레이를 만나고 듄 45, 빅 마마, 빅 대디 등에 오른다. 사막에서 오릭스, 타조, 자칼, 스프링복 등을 만나는 즐거움도 쏠쏠하다. 오후에는 작은 협곡인 세스리엠 캐년 방문.

### 나미브 사막 ⋯➤ 솔리테어 ⋯➤ 빈트후크

>>> 약 370km, 총 5시간 30분 소요

- 솔리테어에서 점심 식사 후 빈트후크에 도착해 여정 마무리.

남아프리카의 여러 나라를 여행한다면 나미비아에서 2~4일 정도만 시간을 할애하는 경우도 있다. 이때는 나미브 사막, 스와코프문트, 에토샤 국립공원 중 1~2개 정도만 선택해 일정을 짜는 게 좋다. 특히 나미비아 여행 일정은 이동에 많은 시간이 소요된다는 것을 감안해야 한다.

# 나미비아 추천 여행 코스

### ③ 사막 + 야생 핵심 6일 코스

**빈트후크 ⋯▸ 에토샤 국립공원**
>>> 약 450km, 총 6시간 소요

• 에토샤 국립공원에 도착 후 휴식.

**에토샤 국립공원 게임 드라이브**

• 워터홀을 따라 이동하며 빅 5(사자, 코끼리, 코뿔소, 표범, 물소) 등 야생
  동물을 만나는 게임 드라이브를 즐긴다.

**에토샤 국립공원 ⋯▸ 오카한자 ⋯▸ 빈트후크**
>>> 약 450km, 총 6시간 소요

• 나미비아 최대 목각 시장인 오카한자에 방문해 점심을 먹고, 빈트후크에
  도착 후 휴식.

**빈트후크 ⋯▸ 나미브 사막**
>>> 약 350km, 총 5~6시간 소요

• 나미브 사막에 도착해 소서스블레이를 본 후 엘림듄에서 일몰 감상, 저
  녁 식사 후에는 사막의 별을 만난다.

**나미브 사막 명소 정복**

• 새벽에 기상해 듄 45에서 사막 일출을 만난다. 이후 소서스블레이, 데드
  블레이를 만나고 듄 45, 빅 마마, 빅 대디 등에 오른다. 사막에서 살아가
  는 오릭스, 타조, 자칼, 스프링복 등을 만나는 즐거움도 쏠쏠하다. 오후
  에는 작은 협곡인 세스리엠 캐년 방문.

**나미브 사막 ⋯▸ 솔리테어 ⋯▸ 빈트후크**
>>> 약 370km, 총 5시간 30분 소요

• 솔리테어에서 점심 식사 후 빈트후크에 도착해 여정 마무리.

## 4 사막 + 해변 핵심 5일 코스

**1Day**

### 빈트후크 ⋯→ 나미브 사막
>>> 약 350km, 총 5~6시간 소요

- 나미브 사막에 도착해 소서스블레이를 본 후 엘림듄에서 일몰 감상, 저녁 식사 후에는 사막의 별을 만난다.

**2Day**

### 나미브 사막 명소 정복

- 새벽에 기상 해 듄 45에서 사막 일출을 만난다. 이후 소서스블레이, 데드 블레이를 보고 듄 45, 빅 마마, 빅 대디 등에 오른다. 사막에서 살아가는 오릭스, 타조, 자칼, 스프링복 등을 만나는 즐거움도 쏠쏠하다. 오후에는 작은 협곡인 세스리엠 캐년 방문.

**3Day**

### 나미브 사막 소서스블레이 ⋯→ 솔리테어 ⋯→ 월비스 베이 ⋯→ 스와코프문트
>>> 약 350km, 총 5시간 소요

- 아침 식사 후 스와코프문트로 출발. 솔리테어에 들러 애플파이 점심 식사 후 월비스 베이 플라밍고와 염전을 보고, 스와코프문트에 도착해 휴식을 취한다.

**4Day**

### 스와코프문트(케이프 크로스)

- 아침 식사 후 액티비티와 시내 구경 중 한 가지를 택해 즐기면 된다. 점심 식사 후에는 물개 서식지인 케이프 크로스에 방문한다. 액티비티는 반일, 종일 투어 중 선택할 수 있는데, 종일 투어를 선택하면 케이프 크로스에는 방문할 수 없다. 액티비티 종류는 샌드위치 하버 투어, 돌핀크루즈, 쿼드바이크, 샌드보딩, 스카이 다이빙 등.

**5Day**

### 스와코프문트 ⋯→ 오카한자 ⋯→ 빈트후크
>>> 약 350km, 총 5시간 소요

- 나미비아 최대 목각 시장인 오카한자에서 점심 식사 후 빈트후크에 도착해 여정 마무리.

# 나미비아는 어떤 곳?

| | |
|---|---|
| **명칭** | 나미비아공화국  Republic of Namibia |
| **위치** | 아프리카 서남부 |
| **인구** | 208만8,880명 |
| **면적** | 82만4,292㎢ (한국 9만9,720㎢) |
| **수도** | 빈트후크 |
| **화폐** | 나미비아 달러 |
| **시차** | 한국보다 8시간 늦음 |
| **언어** | 영어, 아프리칸스어, 네덜란드어, 독일어 |
| **종교** | 기독교, 토착종교 |

## ★ 특징

나미비아는 1883년부터 1915년까지 독일의 식민지였다. 아직도 독일계 후손들이 많이 살고 있으며, 지명이 독일식인 경우도 더러 있다. 독일 식민 통치 이후에는 영국령인 남아프리카 공화국(남아공)의 지배를 74년간이나 받았고 1990년에야 겨우 독립국이 됐다.

## ★ 여행 적기

겨울에 해당하는 6~10월 사이가 적기. 이때는 아침저녁으로 선선하고 한낮에도 35℃를 넘지 않는다.

## ★ 환전

남아공의 랜드 RAND(ZAR)를 사용하거나 달러로 바꾼 후 나미비아 현지에 가서 나미비아 달러로 환전하면 된다. 환율은 1NAD(나미비아 달러 : 이 책에서는 N$로 표기)가 한국 돈 약 80원 정도.

## ★ 신용카드

남아공이나 나미비아, 보츠와나는 신용카드 사용이 보편화되어 있어서 작은 마을이 아닌 경우에는 ATM 등을 사용할 수 있다. 현금과 카드를 함께 가지고 여행하는 것이 적절하다.

★ **여행 준비물**

**복장**  여름옷 / 얇은 긴 팔 바람막이 점퍼 / 팔 토시 / 모자 / 안 벗겨지는 샌들 / 가벼운 운동
화 / 선글라스 / 수영복(선택)

⇨  기본 복장은 반소매 차림이면 되지만 낮에는 자외선이 강하기 때문에 팔 토시 등 자
외선을 차단할 수 있는 복장이 좋다. 또 사막을 걸어야 하므로 벗겨지지 않는 샌들이
나 아쿠아슈즈, 가벼운 운동화 등을 준비하면 편하다.

**기타**  여권 / 신분증 / 자외선 차단제 / 비상 약품(소화제, 지사제, 멀미약, 두통약 등) / 모기
기피제나 벌레 물린 데 바르는 약 / 세면도구 / 필요 기호 식품 및 간식 / 멀티 어댑터 /
선글라스

**사진**
**촬영**  보디 / 렌즈(생태 촬영 시 망원 계열 렌즈
필수) / 여분의 배터리 / 충전기 / 메모리
/ 백업 장치(선택 사항, 노트북이나 OTG)
/ 삼각대(트래블러 형) / 필터(ND계열, 하
프 그러데이션 ND 필터) / 릴리스(별 궤적
촬영 시) / 청소 도구(융, 뽁뽁이, 렌즈 클
리너) / 카메라 전용 가방 / 랩 혹은 레인
커버(사막 촬영 시 모래바람 방지) / 스트
로보(선택 사항) / 헤드 랜턴 OR 손전등

★ **팁 문화**

아프리카는 유럽의 영향으로 인해서 팁 문화가 일반적이다. 공공장소 주차 시에는 노란 조
끼를 입은 요원들이 달려와 자동차를 봐주겠다고 하는데 거부하지 말고 응한 다음 출발할
때 약간의 팁을 주면 된다. 요원들은 고용만 되어있을 뿐 대부분 월급이 없거나 있더라도 푼
돈이기 때문에 내가 주는 팁이 그들에게는 생활에 필요한 돈이 된다. 주유소의 주유원들도
마찬가지다. 그래서 주유소에 가면 유리창이나 타이어 공기압, 오일 등을 체크해주는 주유
원들이 많다. 팁을 받기 위해서다.

# 나미비아 입국 준비하기

## ★ 항공편

한국에서 나미비아까지 바로 가는 직항 편은 없다. 남아프리카공화국의 요하네스버그나 케이프타운을 경유하는 경우가 일반적이다. 요하네스버그를 경유할 경우 나미비아항공, 영국항공, 남아프리카항공 등을 이용해 빈트후크 호세아 쿠타코 국제공항까지 직항으로 갈 수 있다. 케

이프타운을 경유할 경우에도 나미비아항공, 남아프리카항공 등을 이용할 수 있는데, 이때는 육로 이동도 가능하다. 한국에서 나미비아까지 총 비행시간은 경유 편에 따라 다르지만 24시간 이상 예상해야 한다. 남아공에서 나미비아까지 비행시간은 약 2시간 정도 소요된다.

**예방 접종**

나미비아는 황열병 위험 지역이 아니라 예방 접종이 필수 사항은 아니다. 황열병은 남미, 아프리카 여행 시 접종이 반드시 필요한 국가가 있지만, 나미비아를 비롯해 남아프리카공화국, 잠비아는 황열병에 비교적 안전한 국가로 예방접종증명서를 요구하지 않는다. 우리나라 질병관리본부에서도 나미비아 여행 시 황열병, 말라리아 접종에 대해 '필수'가 아닌 '권고'만 하고 있다.

---

**나미비아 비자 대행 및 투어 전문 업체, 레드아프리카 Redafrica**

레드아프리카는 한국인이 운영하는 나미비아 현지 여행사로 여행 전, 혹은 여행 시에 도움받기가 수월하다. 한국 여행업협회에 등록되어 있고, 나미비아 사업자등록증을 보유하고 있는 안전한 회사. 비자 발급을 대행해주고, 원하는 코스에 따라 투어를 신청하는 것도 가능해 단독 렌터카 여행이 부담스러운 이들이 활용하기에 좋다.

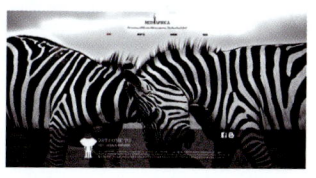

비자 신청은 여행 가기 최소 4주 전에 요청해야 하는데, 다음의 과정을 거치면 된다. ① 비자 신청서를 메일로 전달받고 작성 후 다시 보낸다. ② 비자 발급 비용을 입금한다. ③ 발급된 비자를 메일로 받은 후 프린트해서 여행 시 가지고 다닌다.

**레드아프리카**

**주소** PO BOX 90854 WINDHOEK, NAMIBIA　　**전화** 한국 070-4655-6149 / 나미비아 +264-81-347-2156
**홈피** www.redafrica.co.kr　　**이메일** redafrican@naver.com　　**카카오톡 ID** redafrica

### ★ 비자 발급

나미비아 여행 시에는 반드시 비자를 발급받아야 한다. 한국에 나미비아 대사관이 없으므로, 비자를 발급받는 방법은 두 가지이다.

1. 남아공 케이프타운에서 2~3일 체류하며 나미비아 영사관에서 비자를 발급받는 것이다. 이때는 반드시 항공편 경유지로 남아공 케이프타운을 거쳐야 한다. 케이프타운에 위치한 나미비아 영사관에서 비자를 발급받을 경우 비자 신청서, 6개월 이상 유효한 여권, 증명사진 2장, 여행 일정표 또는 예약 확인서, 항공권 사본, 비자 발급 비용(약 8만 원)이 필요하다.

2. 비자 발급 대행사를 통해 미리 비자를 발급받을 수도 있다. 대행사를 통해 발급받을 경우 4주 정도 여유를 두는 것이 좋다. 미리 비자를 받았다면 항공편을 선택할 때 굳이 남아공을 거칠 필요는 없다.

**나미비아 영사관**

**주소** 21st Floor Triangle House Riebeek Street Cape Town

**전화** 021-419-2810

**근무 시간** 09:30~16:30

**비자 업무 시간** 10:00~15:00

**비자 발급 소요 시간** 3일(금요일에 신청할 경우 화요일 발급)

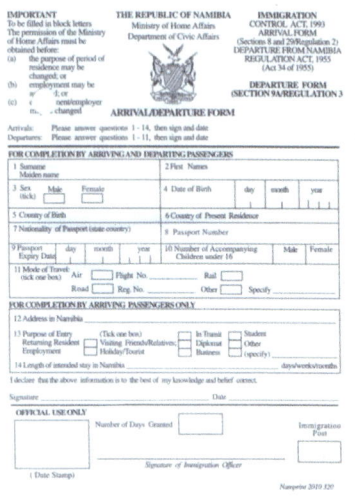

나미비아 입국 신고서

# 나미비아 여행 방법

나미비아를 여행하는 가장 보편적인 방법은 '렌터카'를 이용하는 것이다. 공항에서 빈트후크 시내까지는 택시를 이용해도 좋지만, 광활한 대륙을 누비는 여행 수단으로 역시 렌터카가 편리하다. 렌터카에는 텐트, 침낭을 비롯한 캠핑 장비를 싣는 것이 기본이다. 나미비아는 사막, 야생동물 등을 최고의 볼거리로 삼는 만큼 여행 시 수도인 빈트후크를 제외하고 캠핑장을 이용하는 게 일반적이다. 캠핑장 이외에 '롯지'에서 묵어보는 것도 특별한 경험. 롯지는 텐트와 비슷한 외관이지만 내부에 화장실, 샤워실, 에어컨 등을 갖춘 럭셔리 호텔이라고 생각하면 된다. 렌터카 이외에는 트럭킹을 이용하기도 한다.

### ★ 트럭킹 이용하기

광활한 아프리카를 누비는 배낭여행자들은 '트럭킹'을 많이 이용한다. 여행용으로 개조한 트럭에 15~20명이 탑승해 함께 이동하며, 트럭 안에는 캠핑 장비, 먹을거리 등이 실린다. 이때 운전사, 요리사 등도 동행한다. '아프리카 오버랜드 투어'로도 불리는 트럭킹은 보통 남아공 케이프타운 등에서 시작해 나미비아, 보츠와나, 짐바브웨를 도는 한 달 정도의 일정으로 많이 이용한다. 이동 거리가 긴 아프리카의 다양한 명소를 누비며 비용을 아끼는 가장 좋은 수단이다.

## ★ 렌터카 이용하기

### 1. 성능 체크 · 예약하기

여행 기간이 확정되면 미리 렌터카 회사의 홈페이지 등을 비교해서 렌터카를 예약하는 것이 편리하다. 미리 예약하지 못했다면 공항에 입점한 렌터카 회사에서 자동차를 빌려야 한다. 이때 보험 여부와 보상 조건 등을 꼼꼼히 체크하고 차량 문제 시 즉각 해결되는지, 또는 고장 시 교체 가능한지 등을 잘 살펴보는 게 좋다. 특히 나미비아 여행 코스는 대부분 비포장도로여서 사륜구동은 필수이다. 성능 여부를 판단해서 결정하자.

### 2. 차량 인도 · 레터 확인하기

자동차를 인도받을 때 가장 먼저 렌터카 회사에서 주는 '레터 Letter'를 잘 챙겨야 한다. 국경을 넘을 때나 검문 시 레터와 국제면허증을 제시해야 하기 때문이다. 특히 나미비아를 포함한 여러 국가를 여행할 때 레터에 여행국이 모두 표기되어 있어야 한다. 여행국 표기가 없을 시에 불법으로 간주되기 때문에 반드시 미리 체크하자.

### 3. 타이어 체크하기

타이어 체크는 필수. 사막은 물론 오프로드 등의 험한 지형을 이동해야 하기 때문이다. 핸들을 좌우 끝까지 돌려서 타이어 안쪽까지 체크하고 스페어타이어의 상태도 확인한다. 타이어의 공기압은 일반도로 시 2.2~2.5, 비포장도로 시 1.9 정도에 맞추는 것이 좋다.

### 4. 내비게이션 이용하기

내비게이션은 모바일용 앱을 미리 다운로드해 가는 것이 좋다. 나미비아는 이동 경로가 그리 복잡하지 않아서 구글맵, 혹은 기타 앱을 받아 가도 무방하다. 심 카드를 바꾸어 낄 수 있는 휴대폰이라면 현지에서 모바일 심 카드를 구매해 이용하면 데이터 사용에 용이하다. 슈퍼마켓, 주유소, 미니슈퍼, 자동충전기 등을 통해 충전하며 사용할 수 있다. 나미비아에서 일반적으로 전화와 인터넷이 가능한 것을 '데이터 Data'라고 하고, 전화만 할 수 있는 머니 충전을 '에어 타임 Air Time'이라고 한다.

# 나미비아 지역 가이드

중부 지역
# 빈트후크 Windhoek

나미비아의 수도. 나미비아의 국
제공항인 호세아 쿠타코 공항과
약 40km 떨어져 있다. 독일의
정교한 도시 계획에 의해 세워진
도시이다. 독일 식민지의 영향으
로 독일식 건축물과 식당이 있으
며 독일어를 사용하는 곳도 있다.
시내 중심으로 유럽풍의 카페와
쇼핑센터, 각종 편의 시설이 있

다. 카페에 앉아 지나가는 행인들을 보는 것만으로 나미비아의 문화적 다양성을 느
낄 수 있다. 볼거리로 국립박물관인 알테 페스테 Alte Feste, 1896년 지어진 크리스투
스커쉬 Christuskirche 교회가 있다.

---

 Restaurant 1

## 더 고메이 레스토랑
The Gourmet Restaurant

빈트후크에서 가장 번화가인 포스트 스트리
트에 위치한 식당으로 야외 테이블 분위기가
좋다. 부드러운 티본스테이크, 어마어마한
크기의 피자 등 다양한 메뉴를 맛볼 수 있다.

주소 Shop 20, Kaiserkrone Centre,
Post Street Mall, Central Business
District
오픈 08:00~22:00
홈피 www.joesbeerhouse.com

 Restaurant 2

## 나이스 레스토랑
Nice Restaurant

나미비안들이 최고의 레스토랑으로 손꼽는
식당. 나미비아 유명 셰프들이 일하고 있다.
다양한 특선 요리가 준비되어 있고 스시 메
뉴도 다양하다.

주소 Shop 20, Kaiserkrone Centre,
Post Street Mall, Central Business
District
오픈 월~토요일 12:00~22:00
홈피 www.nicenamibia.com

## 조스 비어 하우스
Joe's Beer House

빈트후크의 넬슨만델라 거리에 있는 바 Bar 형태의 편안한 식당이다. 메뉴 중 타조, 얼룩말, 오릭스, 쿠두, 악어 등 야생동물 스테이크 종합 세트인 '나미브 부시 파이어'와 얼룩말, 악어, 스프링복, 오릭스, 타조 등 다양한 야생동물 꼬치 요리 '부시 소사티에'를 추천한다. 또 독일 식민시대에 독일 기술로 만든 아프리카 명물 '빈트후크 비어'도 맛보길 추천한다. 스테이크가 약 N$17 정도.

주소   Nelson Mandela Ave, Windhoek
오픈   월~목요일 16:30~, 금~일요일 11:00~
홈피   www.joesbeerhouse.com

---

### Restaurant 4

## 사르디나 블루 올리브
Sardinia Blue Olive

이탈리아에서 건너온 가족이 운영하는 피자 전문점으로 다양한 종류의 피자가 있다. 많은 나미비안들이 테이크아웃해서 먹는 곳이다.

주소   Sam Nujoma Dr, Windhoek

---

## 힐튼호텔 스카이 라운지
Hilton Hotel Sky Lounge

빈트후크에서 식사한 후 야경을 감상하기에 최적의 장소. 힐튼호텔 옥상에 위치하며, 주류 가격이 저렴한 편.

주소   Rev Michael Scott St, Windhoek

---

## 나미비아 크라프트 카페
Namibia Craft Café

나미비아 수공예품 및 기념품 판매점에 함께 위치한 카페로 간단한 아침 식사 및 케이크, 커피를 즐기기 좋은 곳이다.

주소   Old Brewery Building Talstreet 40 Windhoek
오픈   09:00~18:00
홈피   www.craftcafe-namibia.com

# 카투투라 Katutura

빈트후크 외곽에 위치한 이곳은 1950년 남아프리카공화국의 아파르트헤이트 Apartheid 정책 하에 만들어진 주거 지역이다. 직역하자면 '우리는 여기 절대 정착하지 않을 거야 We will never settle here'라는 의미이다. 주로 흑인이 거주하며 다양한 언어 집단이 공존하고 있다. 많은 수의 선술집이 있고 근처의 고리안갑 Goreangab 댐에서는 주말 저녁 젊은 남녀들이 모여 바비큐 파티를 한다. 작은 시장인 싱글쿼터스 Single Quarters는 해지기 전까지 불에 구운 소고기를 잘게 썬 음식인 카바니를 먹기 위해 모인 사람들로 붐빈다.

 Restaurant 1

## 스와마 전통 레스토랑
Xwama Cultural Village

나미비아 전통 음식을 맛볼 수 있는 곳. 담백한 염소머리 고기, 영양 가득한 애벌레 요리가 색다르다. 흑인 밀집 지역에 위치하고 있어 저녁 시간에는 위험할 수 있으니 여럿이 함께 가는 것이 좋다.

홈피  www.xwama.com

# 오카한자 Okahandga

나미비아 최대의 목각 시장으로, 도시 입구에 각종 토속품 가게가 줄지어 있어 기념품을 구매하기에 좋다. 독립투쟁을 이끌었던 헤레로족 추장들의 무덤이 있는 곳이기도 하다. 단 빌리온 동물 보호 구역 The Daan Viljoen Game Reserve에 위치한 작은 댐은 200여 종류의 새와 다양한 동물들에게 안정된 휴식처를 제공한다. 산책로를 따라 걸으며 주변을 감상하기 좋다.

중부 지역
# 워터버그 플래토 국립공원 Waterberg Plateau National Park

현지인들은 이곳을 '워터베르그'라고 부르는데 'Berg'는 산, 'Plateau'는 정상의 고원지대를 뜻한다. 독일과 헤레로족의 전쟁터였기에 역사적으로 중요한 곳이기도 하다. 워터버그 고원으로 가면 지대가 높아 칼라하리 사막의 전경을 바라보고 촬영하기 좋다. 공원 안에는 레스토랑, 수영장, 미니슈퍼, 주유소 등이 있다. 셀프 게임 드라이브는 허용하지 않아 공원에서 운영하는 게임 드라이브를 신청해야 한다. N$450 정도를 내고 간단한 스낵류의 아침 식사와 3~4시간 정도의 드라이브를 할 수 있다. 4일 동안 고원을 걷는 트래킹도 있는데, 4~11월 사이에 가이드와 함께 진행된다. 성수기에는 예약이 필수.

요금 입장료 1일 N$80, 주차비 1일 N$10, 게임 드라이브+아침 식사 N$450
홈피 www.nwr.com.na

# 에토샤 국립공원 Etosha National Park

1907년 나미비아 최초로 지정된 동물 보호 구역이다. 아프리카 최고의 동물 보호 구역 중 하나로 모래, 관목, 풀로 뒤덮인 이 지역의 면적은 2만2,000㎢에 달한다. 건기 땐 사자, 표범, 영양, 코끼리, 기린, 코뿔소, 치타 등 수많은 야생동물들이 워터홀을 찾아 모인다. 지평선이 360도로 펼쳐지는 에토샤 팬 Etosha Pan도 놓치지 말아야 할 볼거리. 에토샤 팬은 빙하로 덮였던 아프리카 대륙이 적도로 이동하며 녹아내려 형성된 호수 바닥으로 그 물이 증발하는 바람에 이렇게 변했다.

비교적 잘 정비된 도로와 숙박 시설, 그리고 각종 편의 시설 덕에 에토샤 사파리 여행은 큰 무리가 없다. 오카까에오 Okaukuejo, 할라리 Halali, 나무토니 Namutoni 캠프 사이트가 있다. 일반적인 자동차 사파리 외에 경비행기 사파리(www.scenic-air.com)도 특별한 경험이다. 탄자니아 세렝게티나 케냐의 마사이마라의 항공 사파리는 열기구를 타는 반면, 나미비아는 경비행기를 타고 즐기는 것이 특징. 길게는 1Day 항공 사파리도 가능하다.

## ⇨ 준비물

워터홀이 표시된 사파리 지도, 챙이 큰 모자, 자외선 차단제, 선글라스, 생수, 성능 좋은 망원경, 촬영용 망원 렌즈, 청소용 융과 붓(렌즈의 먼지를 털기 좋은 것)

전화 +27-21-853-7952    홈피 www.etoshanationalpark.co.za

# 오푸우 Opuwo

'오푸우 타운'에 기점을 두고 힘바족 마을에 방문할 수 있다. 대형마트, 호텔 등이 있는 오푸우 타운에는 힘바족은 물론 헤레로족, 젬바족 등 각지의 소수 부족들이 모여들어 색다른 분위기를 자아낸다.

`io Sights 1`

### 힘바족 마을
Himba Tribe Village

가축을 기르기 위해 목초지와 물을 찾아 옮겨 다니는 힘바족은 한 곳에 정착하며 살지 않는 반유목민이다. 변변한 살림 도구를 찾아볼 수 없는 원뿔 모양의 집들이 마을을 이루고 있다. 뜨거운 태양에 피부를 보호하기 위해 온몸에 붉은 진흙을 바르고 독특하게 머리를 땋아 내린 힘바족의 모습이 눈길을 끈다. 힘바족을 촬영하기 위해서는 먹을거리 등 일종의 기부를 하고 족장의 촬영 허락을 받아야 한다.

# 트위펠폰테인 Twyfelfontein

'트위펠폰테인 암각화지대'로 유명한 이곳은 아프리카에서 가장 밀집된 암각화 대규모 단지. 아프리칸스어로 '의심스러운 샘'이라는 뜻을 가진 이곳은 1921년 라인하르트 막 Reinhardt Mack에 의해 세상에 알려졌다. 지구의 위대한 유산으로 평가받는 부시먼 암각화와 다마라 부족의 민속 마을, 페트리파이드 포레스트의 나무 화석이 볼거리이다.

## 부시먼 암각화
Bushman Rock Engravings

흔히 아프리카 미술이라고 하면 서부를 중심으로 발달한 목조 조형물을 떠올리지만, 아프리카에서 가장 오래된 미술은 조각이 아니라 바위 표면에 새긴 암각화일 것이다. 이 암각화에 뚜렷한 자취를 남긴 종족이 바로 부시먼이다. 부시먼은 아프리카에서 가장 오래전부터 미술 활동을 한 아티스트인 셈. 이곳은 약 6000년 전 부시먼들이 그린 암각화로 유명하다. 핵심 암각화지대는 국가 기념물로 지정돼 있으며, 국가유산법에 의해 보호받고 있다. 산 입구에서 가이드와 함께 입장하며 그림에 대한 상세한 설명을 들을 수 있다.

## 다마라 민속 마을
Damara Cultural Village

트위펠폰테인 입구에 있는 작은 민속 마을로 다마라 주민들의 사는 모습과 민속공연을 볼 수 있다. 다마라족이 직접 만든 기념품을 구매하는 것도 쏠쏠한 재미.

## 페트리파이드 포레스트
Peterified Forest

페트리파이드 포레스트를 직역하자면 '깜짝 놀라 돌이 되어 버린 숲'이다. 트위펠폰테인 북쪽에 있는 이 숲에는 약 2억5000만 년 전 홍수에 떠내려와 돌처럼 굳어 버린 나무가 있다. 산소와 철저히 차단되고 규소의 영향으로 돌이 되어버린 이 나무 중 긴 것은 약 30m에 달한다. 1950년 국가 기념물로 지정되어 보호받고 있으며 어떠한 형태의 반출도 허용하지 않는다.

# 스와코프문트 Swakopmund

나미비아 제2의 도시. 나미비아 에롱고 주의 주도이며 드넓은 대서양을 마주하고 있는 휴양 도시다. 도시 이름은 독일어로 '스와코프의 어귀 Mouth of the Swakop'라는 뜻을 가지고 있으며, 남서아프리카 South West Africa 식민지의 주요 항공이 있던 곳이다. 덕분에 아직 독일식 건물들이 이국적인 풍경으로 남아있다. 인근 월비스 베이로 향하는 기점이 되기도 한다.

 Restaurant 1

## 스와코프문트 브라우하우스
Swakopmund Brauhaus

독일식 맥주 전문점으로 독일인 관광객들이 많이 찾는다. 관광객들이 독일 노래를 합창하기도 한다. 스와코프문트 중심 상권에 위치하고 있다.

주소 The Arcade 22, Sam Nujoma Drive
오픈 10:00~11:00(breakfast),
　　　11:00~14:30(lunch), 17:00~21:30(dinner)
홈피 www.swakopmundbrauhaus.com

 **Restaurant 2**

## 제티 1905
Jetty 1905

스와코프문트 해안 부두에 자리 잡고 있어 대서양의 파도를 보는 뷰가 환상적이다. 해 질 녘 분위기 또한 그 어떤 레스토랑과 비교할 수 없을 만큼 아름답다. 해산물과 초밥 요리가 유명하며, 저렴한 가격에 와인을 마실 수 있다. 맨발 차림으로는 입장할 수 없다.

주소   On the pier, Molen Road, Swakopmund
오픈   화~목요일 17:00~22:00, 금 · 토요일 12:00~22:00(Kitchen 12:00~14:30 & 17:00~22:00), 일요일 12:00~21:00(Kitchen 12:00~14:30 & 17:00~21:00)
홈피   www.jetty1905.com

**Restaurant 3**

## 터그 레스토랑
The TUG

제티와 마찬가지로 해안가에 위치한 레스토랑이다. 제티와 비슷한 메뉴가 있으며, 좀 더 편안한 분위기이다. 스와코프문트 부두 근처에서 배 모양의 레스토랑을 찾아보자.

주소   Jetty area. Swakopmund
오픈   18:00~22:00
홈피   www.the-tug.com

# 스켈레톤 코스트 Skeleton Coast

이름에서부터 섬뜩한 느낌을 주는 이곳은 나미비아 해안가의 3분의 1을 차지한다. 고래 또는 야생동물의 뼈, 그리고 짙은 안개와 사나운 파도로 인해 난파된 배들로 유명하다. 나미브 사막으로 둘러싸인 이곳은 고요한 낚시를 즐기는 낚시꾼들의 천국이기도 하다. 테라스 베이 Terrace Bay와 토라 베이 Torra Bay에 캠프 시설이 있다. 토라 베이는 12~1월 사이에만 관광객들의 입장을 허용하는데, 경비행기를 포함한 관광 코스가 준비되어 있다.

---

**Sights 1**

## 케이프 크로스 물개 보존구역
Cape Cross Seal Reserve

나미비아 북서부 스켈레톤 코스트에는 매년 케이프 물개 약 10만 마리가 번식하려고 모이는 '케이프 크로스' 해변이 있다. 그 수가 전 세계 케이프 물개의 5분의 1에 달한다. 10월 중순이면 수컷이 먼저 도착하기 시작한다. 수컷들은 가장 좋은 영토를 차지하려고 싸움을 벌이는데, 암컷이 도착하면 수컷들의 싸움은 더욱 격렬해진다. 수많은 케이프 물개가 모여든 해변의 풍경이 장관이다.

# 월비스 베이 Walvis Bay

나미비아 해안선은 매우 길지만 큰 배의 출입이 용이한 깊은 수심의 자연 항구는 단한 곳, 여기 월비스 베이 뿐이다. 이곳은 미국의 유명 배우인 브래드 피트와 안젤리나 졸리 부부가 딸을 낳은 곳으로 신문 지면을 장식했던 곳이기도 하다.

---

**Sights 1**

### 샌드위치 하버
Sandwich Harbor

바다와 사막이 만나는 곳으로 샌드보딩을 통해서만 접근할 수 있다. 스와코프문트가 시작점이 되는 샌드보딩은 스와코프문트 시내에 있는 수많은 투어 회사 어디서든 신청이 가능하며, 오전에 근처 사막으로 출발해 보딩을 하고 점심 식사 후 바로 돌아오는 코스로 이루어진다. 곡예를 부리듯 사구를 넘어가다 바다와 사막이 만나는 정상에 도착하면, 준비해온 와인과 과일, 점심 식사 등을차려준다. 사막에서 먹는 특별한 점심이다. 반일, 종일 투어 중 선택이 가능하다. 샌드위치 하버에서는 돌핀크루즈도 가능한데, 배

안에서 싱싱한 굴과 와인, 샌드위치, 과일, 튀김 등을 먹는 선상 식사를 하며 돌고래, 펠리컨, 갈매기, 물개를 만날 수 있는 투어다. 돌핀크루즈는 약 3시간 정도 소요된다.

---

**Sights 2**

**플라밍고**
Flamingo

사막과 해변이 만나는 해안 사막으로 유명하며, 그 사이에 붉은 경계를 이루는 플라밍고(홍학)의 군무가 장관이다.

# 나미브 사막 Namib Desert

'아무것도 없다'는 뜻을 가진 나미브 사막은 '지구상의 첫 사막'으로도 유명하다. 푸른 하늘과 대비되는 붉은빛의 사막은 여느 사막과 달라 매우 특별한데, 이는 쿼츠(석영의 종류)와 금속 성분 때문. 금속이 산화되면서 붉은색을 띤다. 나미브 사막의 핵심 명소를 정복하려면 소서스블레이를 기점으로 데드블레이, 듄 45, 빅 대디, 빅 마마를 둘러본 후 세스리엠 캐년을 보면 된다.

**🖼 Sights 1**

## 소서스블레이
Sossusvlei

'물을 모으는 곳'이라는 뜻으로 오래전 이곳은 황량한 사막에서 물을 만날 수 있는 오아시스였다. 한때 둥근 웅덩이 모양으로 물이 고였지만 물의 흐름이 변하면서 이곳에서 살아가는 모든 것들을 말라죽게 만들었다. 사막 여행은 이곳 소서스블레이를 기점으로 이동한다.

⇨ **소서스블레이 가는 방법**
빈트후크나 스와코프문트에서 출발하는 투어 프로그램을 이용하는 방법과 직접 렌터카를 운전해 가는 방법이 있다. 이곳은 사륜구동 차량만 진입이 가능하다. 새벽에 듄 45에 올라 일출을 보기 위해서는 소서스블레이 캠프에서 캠핑하는 것이 좋다.

⇨ **소서스블레이 투어 이용하기**
어떤 차량을 택하느냐, 혹은 투어 일정에 따라 가격이 달라진다. 보통 우리 돈으로 10~20만 원 정도인데, 교통편과 식사를 포함한 가격이다. 일반적으로 첫날은 소서스블레이 공원 입구에 도착하는 것으로 일정이 끝나고, 둘째 날 새벽에 듄 45에 올라 일출을 보면서 본격적인 투어가 시작된다. 소서스블레이 공원 내에서도 데드블레이와 소서스블레이로 가는 길은 일반 차량 출입이 금지되어 있으므로 유료 셔틀을 이용해야만 한다. 셔틀 요금은 약 US$10 정도.

## 데드블레이
Deadvlei

기묘하게 균열을 이룬 하얀 바닥 위에 오롯이 서 있는 나무 화석들이 장관을 이룬다. 탄소 연대 측정으로 500~600년 정도 된 낙타가시나무 Camelthorn Tree이다. 수많은 여행자들과 사진가들이 이곳의 풍경을 만나기 위해 찾아온다.

## 빅 대디 & 빅 마마
Big Daddy & Big Mama

빅 대디는 소서스블레이에서 가장 높은 사구로 높이가 350~400m에 이른다. '미친 Crazy 언덕'이라는 별명을 가지고 있다. 빅 마마는 S라인이 아름다운 사구로 빅 대디에 이어 두 번째로 높은 듄이다.

## 듄 45
Dune 45

칼 같은 능선을 밟고 꼭짓점에 서면 나미브 사막 지대를 한눈에 내려다볼 수 있다. 오르기 전에 바라보는 듄의 휘어진 모래 능선도 아름답다. 사막의 일출을 보기에도 좋다. 꼭짓점까지는 약 20분 정도 소요된다.

## 세스리엠 캐년
Sesriem Canyon

약 백만 년 전 강물의 침식 작용으로 만들어진 세계에서 가장 오래된 협곡 중 하나. 약 2km가량 이어진 협곡은 평소 메말라 있지만 우기 때 빗물이 흘러들어 물이 흐르기도 한다.

# 피시리버 캐년 Fish River Canyon

세계 두 번째 규모를 자랑하는 피시리버 대협곡은 길이 160km, 너비 27km, 깊이 55m를 자랑한다. 여름에는 낮 기온이 48℃, 밤 기온이 30℃까지 오르는 뜨거운 곳이기도 하다. 얼룩말, 쿠두, 영양, 스프링복, 표범, 타조, 원숭이 등의 야생동물을 만날 수 있고, 캠핑장을 구비해 많은 이들이 캠핑을 하며 대자연의 멋진 풍광을 감상한다. 협곡의 원초적 풍광을 감상하며 걷는 하이킹 코스로도 유명하다.

# 콜만스코프 고스트 타운 Kolmanskop Ghost Town

사막에 위치한 유령 도시로 1908년 다이아몬드가 광범위하게 채굴되면서 번성했던 지역이다. 과도한 채굴로 다이아몬드가 바닥나면서 1956년에 버려진 도시가 되었다. 폐허에 쌓인 모래들이 인상적인데 사진가들에 의해 알려지면서 '아름다운 유령 도시'가 됐다. 오랫동안 방치된 집들은 대부분 위험한 상태라 안으로 들어갈 수 있는 집은 몇 안 된다. 관광객들이 방문할 수 있는 집은 청소를 해놓은 탓에 원하는 풍경을 얻을 수 없을지 모른다. 입장료는 1인 N$75.

> **tip**
> 남부 지방을 여행하다 보면 간혹 야생말들을 목격할 수 있다. 그 근원과 관련하여 많은 설이 있으나, 제1차 세계대전 중 남아프리카공화국의 군에서 잃어버린 말들이 사막 기후에 완벽하게 적응했다는 것이 정설로 여겨진다.

# 퀴버 트리 숲 & 자이언트 플레이 그라운드

Quiver Tree Forest & Giant Play Ground

퀴버 트리는 아래에서 보면 마치 별이 나무에 걸린 듯하다. 알로에과 식물로 나무 둥치가 얇은 종이처럼 벗겨지고, 성장 속도가 느린 탓에 몇 백 년 동안 자란다. 아름다운 석양에 물드는 모습이 장관이다. 퀴버 트리 숲 캠프장에서 입장권을 사면 약 5km 정도 떨어진 자이언트 플레이 그라운드도 함께 입장 할 수 있다. 자이언트 플레이 그라운드는 마치 거인들이 공기놀이를 하다가 아무데나 던져두고 간 듯 바위들이 탑처럼 쌓여 있는 풍경이 인상적이다. 자이언트 플레이 그라운드는 일출 시간에, 퀴버 트리 숲은 일몰에 찾아가면 좋다. 입장권은 1인 N$55.

남인근 포토 에세이 특별 부록

# 나미비아
# 가이드북

Namibia Guidebook

# 더 가까이
# 나미비아

초판 1쇄  2016년 3월 11일

글 · 사진 남인근

발행인 양원석
편집장 고현진
책임편집 최혜진
디자인 RHK 디자인연구소 이창진
캘리그라피 이문
일러스트 지도 이희숙
해외저작권 황지현
제작 문태일
영업마케팅 이영인, 양근모, 이주형, 박민범, 김민수, 장현기, 이선미

펴낸 곳 ㈜알에이치코리아
주소 서울시 금천구 가산디지털2로 53, 20층 (가산동, 한라시그마밸리)
편집문의 02-6443-8892    구입문의 02-6443-8838
홈페이지 http://rhk.co.kr
등록 2004년 1월 15일 제2-3726호

ⓒ 남인근 2016

ISBN 978-89-255-5877-6 (13980)

※ 이 책은 ㈜알에이치코리아가 저작권자와의 계약에 따라 발행한 것이므로
   본사의 서면 허락 없이는 어떠한 형태나 수단으로도 이 책의 내용을 이용하지 못합니다.
※ 잘못된 책은 구입하신 서점에서 바꾸어 드립니다.
※ 책값은 뒤표지에 있습니다.

당신과 나의 여행은
이제 시작이다.